今晚喝什么

40种情境，
40款葡萄酒选配圣经

（韩）李宰亨 著
金 勇 译

浙江出版联合集团　　浙江科学技术出版社

目录

Part ❷ 分享灵魂 —————————————————— 065

葡萄酒
是
迷人
的
饮料

　　我与葡萄酒结缘十分偶然。当然，我也不是在完全不懂葡萄酒的情况下去学习专业知识的，也不是随便从别人手中接过一瓶看不懂名称的葡萄酒并且似懂非懂地饮用的。我是在与父母一起分享葡萄酒的过程中，渐渐开启了我的葡萄酒人生。但我能从诱人的颜色中品出苦涩中夹带的温润口感以及浓浓的香气，却是在一年以后的事情。经过两年的时间，我终于下定决心提起行李去学习葡萄酒专业知识。

　　我读书的过程与其他人的不同之处在于选择学习的国家，我选择在德国进修葡萄酒课程。后来，我还辗转于法国、西班牙、英国以及意大利等国家学习当地语言，当然，我也顺带着学习当地的葡萄酒文化。接触不同国家葡萄酒文化的过程，就像是为自己打开了解世界的窗口，能够让人品尝到世间百味、人生的酸甜苦辣。我和酿造葡萄酒从业者们一起生活了四年多的时间，这段时间彻底改变了我的人生。我过去认为不重要的事物，现在也会通过不同的角度去审视，另外通过研究葡萄酒文化，我开始迷恋一些看似微不足道的事物，对于人生的种种恩赐充满感恩，即便只是小小的幸福也会令我感到满足。对于我来说，无论何时何地，只要有人和葡萄酒相伴，就会收获幸福的感觉。开始深入了解葡萄酒以后，我对于葡萄酒的看法发生了天翻地覆的变化。学习葡萄酒知识并不难，但光靠学习是很难了解葡萄酒的精髓和灵魂的。葡萄酒是一种特别的饮料，要想让葡萄酒深入心底，必须要与好朋友一起分享，让酒的滋味点滴印在心里。

在波尔多大学求学时期，记得教授曾说过："葡萄酒专家可以通过一款葡萄酒与整个人类以及世界进行沟通。"

我现在还达不到教授所说的这一境界。其实，品尝葡萄酒越多，我反而越不了解葡萄酒的真面目。但作为葡萄酒书籍的作者，我依然希望能够通过葡萄酒与作为读者的你和世界进行沟通，也希望将我自己从葡萄酒中收获的幸福传递给你。

这是一本通俗易懂的葡萄酒指南，它将讲述如何因时因地选择适合的葡萄酒。比起市面上许多重点介绍葡萄酒背景知识的书籍来说，我希望读者通过这本实用的指南书掌握更多的实战知识，懂得根据情景选择适合饮用的葡萄酒。我深感能够与魅力无穷的葡萄酒结缘是人生一大幸事，希望你也能够成为下一位幸运儿！

我想，今晚就应该约上朋友开一瓶葡萄酒一起品尝，虽然不是什么特别的日子，但只要有需要，朋友就会赴约与你一同品尝葡萄酒。葡萄酒是值得一生相交的"好友"。

李宰亨

香槟适合在任何时间、任何地点享用。

享用香槟

不分时间和场合的美酒

香槟

香槟适合在任何时间、任何地点享用。高兴时，香槟可以将你的快乐放大两倍；酷暑难耐时，冰镇香槟可以让你享受一份清凉和畅快；忧郁时，香槟可以抚慰你受伤的心灵；失去食欲时，香槟可以唤起你的胃口；疲惫时，香槟可以赋予你活力……这就是香槟。

随着"砰"一声的开瓶声，丰富的泡沫缓缓溢出，将你手中那仿佛是水蜜桃的果肉，又仿佛是黄金麦田一样的金色液体倒入女性曼妙曲线般婀娜的酒杯中，可爱的小气泡就会慢慢升起。拿起酒杯的人脸上洋溢着笑容，这是肯定自己成就某项事业时，或庆祝某人收获喜悦时需要使用的美酒，在场的人纷纷举起酒杯，齐声高喊"干杯"！

这些人杯中所盛的酒就是香槟。香槟是一种在举办庆典、聚会、纪念日等特殊日子中必不可少的葡萄酒。在举办生日、婚礼、颁奖礼等带有庆祝性质的聚会时，人们常常会拿起香槟使劲摇晃，之后开瓶时故意制造"砰"的响声，让泡沫四溅，达到活跃气氛的目的。但如果你真正懂得香槟的价值，就请抑制住内心的冲动，不要随意摇晃香槟瓶，让香槟酒肆意流淌。

香槟适合在任何时间、任何地点享用。高兴时，香槟可以将你的快乐放大两倍；酷暑难耐时，冰镇香槟可以让你享受一份清凉和畅快；忧郁时，香槟可以抚慰你受伤的心灵；失去食欲时，香槟可以唤起你的胃口；疲惫时，香槟可以赋予你活力……这就是香槟。

在你不知应该挑选何种葡萄酒时，最先可供选择和最佳选择都是香槟酒。这就是我首先介绍香槟酒的原因所在。

将量产伯林格（Bollinger）香槟酒推向世界名店之列的著名香槟夫人莉莉·伯林格（Madame Lily Bollinger）曾说过这样的话：

"快乐时，我喝香槟；悲伤时，我也会喝香槟。偶尔感到孤独时，我会喝香槟；与朋友在一起时，必须喝香槟。没有胃口时，我会抿上一小口；肚子饿时，就会喝上一杯。其他时候基本不喝香槟，口渴时除外。"
——1961 年 10 月 17 日接受《每日邮报》采访时

拿破仑将军也曾对香槟有过如下溢美之词：

"打胜仗时，为了庆祝胜利必须喝香槟，但战斗失利时也不能缺少香槟。"

伯林格女士与拿破仑将军，二人均表示香槟是不分时间与场合的酒。究竟香槟里蕴藏着何种魅力呢？

百搭 的 香槟

香槟适合搭配任何食物。除了一些特殊情况，通常讲，红葡萄酒适合搭配肉类，白葡萄酒适合搭配生鲜类。虽然大多数香槟属于白葡萄酒类，但与肉类搭配也毫无问题。香槟可以助你品尝到肉汁的香甜味道，除非你想生吃血淋淋的生肉排，其他诸如烤牛肉、烤五花肉、炸鸡等肉食均可以与香槟完美搭配。不仅如此，那些与一般葡萄酒完全不搭调的麻辣食物也可以与香槟形成特殊的搭配。

香槟是一种高级葡萄酒，年份越久，成熟度越高，其味道也会充分地显露出来。越是好的香槟，品尝起来越发细腻，会迸发出一种强烈的酸味，而正是这种酸味会随着时间流逝，成为让香槟充分成熟的关键因素。将此种优秀香槟保管 10 年至 20 年时间，之后再品尝的话，你将尝到从年轻香槟那里完全品尝不到的深入且复杂的香气，而且这种成熟度高的香槟所释放的碳酸气也格外地柔和，会温柔地包裹住你的整个舌头。这种成熟香槟所拥有的柔和感与丰富的香气是花钱也买不到的至高享受。

我曾有幸在法国波尔多大学与著名的路易王妃香槟（Louis Roederer）庄园葡萄酒酿造厂的营销负责人相识。他让我对比品尝了名为路易王妃水晶香槟（Louis Roederer Cristal）的香槟酒与 20 世纪 70 年代的年份（vintage）①香槟酒。如果说路易王妃水晶香槟是拥有强烈个性、有主见且散发着独特魅力的职业女性的话，那么悠悠独居 30 年之久的年份香槟就是一位丰满且拥有深度成熟魅力的中年贵妇。因为我想购入一瓶年份香槟，于是向对方询问了价格。

---

①通常，拆开葡萄酒的包装后，观察其标签就可知道葡萄酒的名称与产地，以及葡萄的收获年份与制造年份等信息，我们称作 vintage。但仔细观察香槟酒通常都没有这种标识。酿造香槟酒时，会混合不同年份、不同田地生长的多种葡萄酿成的香槟原液。混合最多时，可达到 40 余种原液，但最常见的情况是混合两三个年份的三种左右的葡萄（霞多丽、黑皮诺、莫尼耶皮诺）酿成的香槟原液。此外，特定年份生产出品质特别优秀的葡萄时，会只使用这一年份生产的香槟原液，这种香槟就是年份香槟（vintage champagne）。

"一瓶路易王妃水晶香槟要超过 1200 元人民币，但这种年份香槟是没有价格的。"

我不想轻易放弃，于是刨根问底想要知道年份香槟究竟价值几何，但对方的态度依然十分坚定。

"这是非卖品。"

从对方的回答中可以看出对方对于自己的香槟有十足的信心。关于葡萄酒生产者拥有强烈自负心的传闻我早已有所耳闻，但还是应了那句话，百闻不如一见，葡萄酒酿造师所拥有的自信果然非同一般。

从那时起，香槟就成了我向往的对象。平常工作时，常被问及喜欢何种葡萄酒，每当这时，我便会十分怀念路易王妃酿酒厂的营销负责人让我品尝的年份香槟，那种无法形容的美妙滋味在我心中久久回荡。于是，我目不转睛地盯着刚打开的香槟泡沫所投射出来的曼妙光影，回答："每一种酒我都会怀着开心的心情去品尝，并没有哪一种酒是我特别喜欢的。但如果非要我选一种的话，我会选香槟。"这时，对方通常都会笑着说："看来你真的对香槟情有独钟啊！"

1. 半甜香槟（Demi-sec）

2. 不甜的干香槟（Brut）

身价不菲 的 香槟

　　香槟是葡萄酒中最贵的一种。在酒吧开一瓶香槟，即便选最便宜的也要超过 600 元人民币，如果选一款说得过去的就要超过 1200 元人民币了。当你和朋友聚会狂欢时，在超市买一瓶几十元人民币的起泡酒便以为是香槟就大错特错了。起泡酒是泛指那些用力摇晃就会产生气泡（二氧化碳）的葡萄酒，而香槟是专指法国香槟区酿造出来的起泡酒。

　　香槟比普通葡萄酒的生产成本要高很多，普通的葡萄酒在发酵过程中只需经过一次酒精发酵，而香槟需要进行两次。葡萄酒的酒精100%是通过葡萄中的糖分转换成酒精，在此过程中会产生大量的附加产物，也就是二氧化碳，这就是我们在喝香槟时所感受到的气泡。但酿造香槟时产生的二氧化碳很多，不仅装瓶困难，酿造过程中还存在相当大的危险，所以在酿造时要格外小心。

香槟难喝 ?

　　你一定喝过不甜且非常苦涩的香槟吧？事实上，第一次尝试就能爱上一瓶酒是不容易的。不甜的香槟带有强烈的酸味，对于初次品酒的人来说很容易产生不好的印象。因此，当你第一次品尝香槟时，我建议你尝试酒标上标有"半甜（Demi-sec）"字样的香槟。

　　适当的甜度加上刺激舌尖的气泡可以让口感变得更加清爽顺口。如果觉得太甜，可以选择酒标上写有半干（Sec）、次干（Extra-dry）的香槟试一试。这类香槟的甜度会降低一些，但却不会降低清爽的口感。这一类微甜的香槟，价格较为实惠。另外，在酒标上标注干（Brut）或超干（Extra-brut）的香槟，这类是完全不带甜味的酒。

也有
其他
选择

　　如果你不是很懂得区分香槟的口感，而且不愿花大价钱购买香槟，或者很喜欢喝香槟却无法长期负担高昂的支出，那么我建议你买起泡酒来代替香槟。目前，市面上有遵循传统酿造方法，在瓶内做两次酒精发酵过程的起泡酒；也有像汽水一样，由外部注入二氧化碳制成的新一代起泡酒。后者由于制作方法简单，价格更便宜。除了制作方法以外，起泡酒在不同国家有着不同的名称，在德国叫做Sekt，在意大利叫做Spumante，在西班牙叫做Cava，至于其他国家则都统称为起泡酒（Sparkling）。

　　美国华盛顿州的酿酒厂圣密夕葡萄园（Domaine Ste. Michelle）酿造的一款叫做哥伦比亚谷干起泡葡萄酒（Cuvee Brut），不仅拥有高级香

圣密夕葡萄园香槟
（Domaine Ste. Michelle）

Collection CIVC, Francoise PERETTI

槟酒才有的清爽口感，而且价格也相当实惠，在众多香槟迷中拥有很高的口碑。虽然那些追求橡木桶发酵香气的狂热爱好者可能会失望，但对于喜欢喝香槟的普通消费者来说，这款酒所具有的略带酸涩味的口感很容易让人接受。

如果你爱喝香槟且懂得香槟，或者在酒吧想点高级香槟却又囊中羞涩，那么请毫不犹豫地来一瓶圣密夕葡萄园酿造的哥伦比亚谷干起泡葡萄酒，这款酒绝对不会让你后悔，虽然口感不及高价香槟丰富，但一定会给你不一样的体验。

低价起泡酒常常会存在一个无法解决的问题，那就是口感中经常会掺进各种怪异的苦涩味道，比如意大利的 Spumante、西班牙的 Cava 都存在这个问题。德国的 Sekt 虽然拥有比较不错的清爽口感，但一般很难买到。然而圣密夕葡萄园的哥伦比亚谷干起泡葡萄酒就完全不存在这一问题，酒体透明，口感直接清爽，丝毫不拖泥带水。这就是哥伦比亚谷干起泡葡萄酒的独特魅力。

如果有条件的话，我希望每天都能喝香槟。当清晨的第一缕阳光照在床沿唤你起床时，推开被子伸个懒腰，然后喝一杯香槟开启一天的工作；中午准备享受一顿丰盛的午餐时，也要喝一杯香槟开开胃；晚上与好友见面享受晚餐时也要与对方碰一杯香槟；入睡前再小酌一杯香槟安然入睡……如果能够如此享受香槟，该是何等的美妙！

PART 1

和 谐 创 造 美 味

美味的秘密藏在独特的吃法上。
如果食材口味清淡，则配上酸度较强的葡萄酒就可以
凸显食材的风味；相反，如果食材口味过重，则可以配上
有碳酸气泡的葡萄酒。

Vintage # 01

木炭烤肉搭配恩苏雷欧（Insoglio）

木炭烤肉与葡萄酒，让味道如魔术般完美融合

这款酒能为你的身体注入活力，就像酒标上所印制的生猛野猪一样强劲有力。这款酒很适合搭配猪肉及牛肉一起品尝，尤其搭配炭烤牛肉更是一绝。

说起意大利，恐怕你的脑海里立即浮现出文艺复兴、短笛、比萨、罗马、贡多拉、《罗马假日》等形象吧，意大利是欧洲旅行的必经之地。意大利语如音乐般富有诗意；很多橡树具有上百年的树龄，枝繁叶茂；在意大利行走，到处都是世界遗产、名胜古迹……如此具有底蕴的国家，想不爱上她都难。但意大利人的交际方式实在让我们东方人难以接受，尤其是意大利男人，往往会吓到初来乍到的东方女人，他们只要看到穿着裙子的美女就会上前搭讪，而且不管眼前的女子是在与人谈公事还是随便逛街，他们一旦决定搭讪就会单刀直入地问一句："请问今晚有空吗？能与我共进晚餐吗？"然后便开始大肆吹嘘自己，将自己的形象吹得高大威猛。意大利男人的嘴上总是抹着蜜，专挑一些讨好女人的话挑逗对方，"看到像您这样美丽的女人，如果不告诉您真相将是一种罪过！"事实上，意大利男人内心的真正想法却是，"看到女人不搭讪，我还是个男人吗？"

然而，正是这样一个看起来有很多"花花肠子"的民族却酿造出了世界

上顶级的葡萄酒。从意大利首都罗马向南驱车行驶大约一个半小时，你会来到一个叫做托斯卡纳的地方，从常见的基安蒂红葡萄酒（Chianti）、蒙德布奇安诺贵族葡萄酒（Vino Nobile di Montepulciano）、蒙达奇诺布鲁奈罗葡萄酒（Brunello di Montalcino）到顶级的超级托斯卡纳（Super Toscana），意大利的知名葡萄酒几乎全部产自这一地区。

⊣ 超级托斯卡纳（Super Toscana）的野猪

托斯卡纳地区所产的葡萄酒几乎全部采用当地的葡萄品种，即桑娇维塞（Sangiovese），而打破这一陈规的就是超级托斯卡纳。意大利是将罗马时代的葡萄酒文化传播到法国的起点，但意大利的高级葡萄酒文化被后来居上者——法国所取代，导致意大利的高级葡萄酒文化始于罗马时代，也终结于罗马时代，而法国的高级葡萄酒文化则一路高歌猛进，彻底颠覆了原本的局面。但是让意大利咸鱼大翻身，重新步入葡萄酒先进国家的杀手锏是在20世纪60年代后期开始研发，直到20世纪70年代才正式推出市场的超级托斯卡纳。原来的托斯卡纳葡萄酒是采用本地的葡萄品种酿造，但后来开始引进法国的葡萄品种，如赤霞珠（Cabernet Sauvignon）、梅洛（Merlot）等，掀起了一场葡萄酒革命，并且让意大利葡萄酒开始受世界瞩目。

恩苏雷欧（Insoglio，原名 Insoglio del Cinghiale）属超级托斯卡纳系列的葡萄酒。在商店的售价约为340元人民

恩苏雷欧葡萄酒
（Insoglio）

币，在酒吧则要卖到 450 ～ 500 元人民币。这款葡萄酒对于葡萄酒爱好者来说绝对是首选的入门酒。这款酒能为你的身体注入活力，就像酒标上所印制的生猛野猪一样强劲有力。酒名的原意是"野猪的田野（the place of the wild boar）"，听说是因为葡萄园旁边有一处田野，经常有野猪在田野的泥巴里翻滚撒野，故而得名。后来，酒庄索性在酒标上绘制了一个野猪的图案。

这款酒很适合搭配猪肉及牛肉一起品尝，尤其搭配炭烤牛肉更是一绝，入口的一瞬间就会让你体会到如魔术般完美融合的味道。醇厚且顺滑的葡萄酒搭配鲜美多汁的牛肉，两者融合的味道在你舌尖舞蹈的那一刻，你将体会到永生难忘的享受。

Remember Wine Label

恩苏雷欧酒标上所画的野猪，就像是一头正在"带领"（韩语里"带领"一词的发音同"insog"的发音很接近）小猪前行的野猪妈妈，充满威严感。意大利有一位很有名的喜剧演员，名叫利马雷欧，可见意大利人很喜欢用"雷欧（lio）"作为名字的结尾。通过联想这两个单词，相信很容易记住这款酒的名字。

Wine Table
意大利葡萄酒的特点

　　相比于其他国家的葡萄酒，意大利葡萄酒更适合与美食搭配饮用。意大利葡萄酒的酸度较高，可以有效提升食物的味道，增进食欲。当你第一次品尝意大利葡萄酒时，可能不大习惯它的口感，但即便是搭配涂满沙拉酱和蛋黄酱的牛肉汉堡，你也不会感到丝毫的油腻，意大利葡萄酒可以让食物变得更加爽口开胃。

 简单的意大利葡萄酒用语

Bianco ［白葡萄酒］　　Rosato ［玫瑰葡萄酒］　　Rosso ［红葡萄酒］

Dolce ［甜葡萄酒］　　Spumante ［起泡酒］

Vintage # 02

肉排搭配约翰·梅利曼（John X Merriman）

品尝梦幻般的均衡口感

"宰亨啊，有一种不常听见，但品质不错的葡萄酒。"
那天，他向我推荐的葡萄酒就是生产于南非共和国斯坦林布什地区罗森伯格酒庄的约翰·梅利曼。

　　肉排的味道堪称完美，同时兼具外焦里嫩、汁香味浓、香而不腻等诸多口感。先用刀切下一块溢满肉汁的肉排，然后将肉排整个放入嘴中进行品尝，其柔软但富有韧劲的口感真是棒极了。将厚实的肉排烤至五分熟或三分熟，然后用餐刀切下品尝的那种滋味，哪怕给我全世界，我也不想换。

　　肉排配葡萄酒可谓完美搭档，但并非每一款葡萄酒都适合肉排。要想真正突出其风味，葡萄酒本身也要拥有完美的均衡之美。但口感均衡的优秀葡萄酒通常其餐厅售价远高于600元人民币。肉排的价格已经不菲，加上选择一款称心如意的葡萄酒必然要"大出血"，因此普通人难以承受。这时，我建议你选择一款认知度较低的国家或地区的葡萄酒。这些地区的葡萄酒通常售价较低，但却不失品质，拥有很高的性价比。

　　过去，澳大利亚或新西兰产的葡萄酒属于此类。最近，南非产的葡萄酒渐渐得到了专业认可，但认知度较低，可以归为此类。

┤ 名字虽陌生，但品质优秀的葡萄酒

2006 年年末，我参加了韩国号称最大规模的某葡萄酒爱好者俱乐部组织的定期聚会。我想将我在留学期间与朋友们品尝葡萄酒的经验和国内的葡萄酒爱好者进行分享，但这次聚会让我对韩国的葡萄酒文化有了新的思考。俱乐部的运营团队并未将关注度放在了葡萄酒本身，而是更看重聚会上产生的关于葡萄酒的信息量，这与我对待葡萄酒的态度截然不同。俱乐部成员拥有很多错误的葡萄酒知识，但却当作真理灌输给周围人。从此以后，我再也没有参加过这种大规模的葡萄酒爱好者聚会。我喜欢葡萄酒，并且将此当作我的职业，但为了更好地了解葡萄酒，我总是保持一种外行人的谦虚心态，这是我一直秉持的原则。

品尝葡萄酒之前，你所事先了解的关于这款酒的具体知识，往往会阻碍你更加纯粹地品尝这款美酒。葡萄酒只对抱有纯粹心态的人倾诉自己全部的秘密。目前为止，我所接触的资深品酒师，虽对葡萄酒有很深的造诣，但他们都有一个共同的特点，那就是尽可能尊重对方的意见，并且小心翼翼地表达自己的看法。其实，那些向对方拼命兜售知识的人往往只是略懂皮毛而已。

罗森伯格酒庄葡萄酒(Rustenberg)

我的葡萄酒朋友并不多。仅存的几位朋友，一些是单纯喜欢喝葡萄酒，另一些是散尽家财也要品尝各色葡萄酒的发烧友，但他们身上都有谦虚的品质。其中，有一位兄长最令我喜欢，也最让我尊重。他为了学习法国葡萄酒的知识，开始学习法语，并且在能够欣赏汉江夜景的地段开设了一家葡萄酒酒吧。

一日，他把我叫去，说有好的葡萄酒介绍给我。

"宰亨啊，有一种不常听见，但品质不错的葡萄酒。"

那天，他向我推荐的葡萄酒就是生产于南非共和国斯坦林布什地区罗森伯格酒庄（Rustenberg）的约翰·梅利曼（John X Merriman）。

⊣ 葡萄酒领域的 X-man

　　约翰·梅利曼于 20 世纪初期在南非共和国担任首相职务，并于 1892 年买入一座葡萄园经营，这就是今天所见到的罗森伯格酒庄的前身。罗森伯格酒庄为了纪念这位庄主，生产了一款同名葡萄酒。约翰·梅利曼的英文全名为"John X Merriman"，因此后人亲切地将此葡萄酒称作"X-man"。生产 X-man 的斯坦林布什地区是南非最负盛名的出产高级葡萄酒的地区。

约翰·梅利曼葡萄酒
（John X Merriman）

　　X-man 具备了一款葡萄酒所需的一切素质。成熟的果香与热烈的南国土壤的味道、有点浓烈但不失柔和、饮完之后留在口中隐隐散发的花香等，几乎是一款无懈可击的葡萄酒。成熟的果香可以与肉排酥脆的外皮交相呼应，略带浓烈的口感可以与肉排浑厚的质感完美融合，而柔和的口感可以贯穿始终。更为重要的是，就如我之前所强调，这款葡萄酒相比其品质，可谓物美价廉。同品质的波尔多葡萄酒至少要 600 元人民币，而南非生产的 X-man 只需 350 元人民币，在酒吧出售也不过 450 元人民币。

　　生产 X-man 的罗森伯格酒庄的葡萄园面向西南方向。这一地区因其日照过于强烈，所以往往避开南向或东南向种植葡萄树。葡萄需要慢慢成熟才能散发出醇厚的香气和味道。

　　品尝肉排时请一定要搭配 X-man，它会让你口中的幸福加倍。

Wine Table
让葡萄躲避太阳的方法

在斜坡地带，建立葡萄园时可以刻意面朝西方或北方，这样能够避开毒辣的阳光，但在平原地带很难做到。葡萄串如果接受过多的光照，会像人的皮肤一样被灼伤。这时，可以加以人工干预，让葡萄叶尽量生长在葡萄串上方。这就相当于为葡萄串撑开了"遮阳伞"，可以有效地阻挡热浪侵袭葡萄。

Vintage # 03

吃生蚝时必备的桑塞尔葡萄酒（Sancerre）

让生蚝美味加倍

在桑塞尔地区的石灰质土壤中充分汲取矿物质生长的葡萄与生猛海鲜搭配在一起，可以完全还原海的味道。

我的一位朋友说他知道一种吃生鱼片的秘诀。他平时喜欢开玩笑，所以我以为这次他又是胡乱吹嘘。他说，秘诀就是将生鱼片蘸上普通的调制酱油包的酱汁品尝。他最爱的食物是生鱼片，每次搬家后的第一件事情就是打听周边哪里有好吃的生鱼片餐厅，所以他绝对是生鱼片方面的美食家。

"你觉得谁才是最会吃生鱼片的人？是生鱼片鼻祖？美食家？日本人？全都不对！最会吃生鱼片的人，其实是捕鱼的渔民。不妨想一想，你看过他们蘸着芥末、酱料或是味噌吃生鱼片吗？我们在电视上看到捕鱼的渔民也都是直接将生鱼片蘸上调制的酱油包的酱汁食用。如此看来，生鱼片就是要蘸上调制的廉价酱油包的酱汁食用才最有滋味。"

然而，不仅是生鱼片，我吃任何海鲜都不会选择直接蘸酱油包的酱汁，而是先蘸一点芥末再蘸满酱油食用。酱油包的酱汁味道太过刺激和浓烈，很容易破坏生鱼片原有的鲜味。

在我居住欧洲的期间，几乎没有什么机会吃到蘸满芥末和酱油的生鱼片。因为很少遇到日式餐厅，就算遇到也要花大价钱才能吃得起寿司或是已经不大新鲜的生鱼片。但在法国波尔多可以经常吃到生蚝，也算满足了我对于海鲜的需求。回想起在波尔多地区吃过的生蚝，其美味程度丝毫不亚于生鱼片，甚至有过之而无不及。

⊣ 享受地道的法式生蚝

法国人对养殖生蚝与酿造葡萄酒会花费同样的心力。葡萄酒在橡木桶中发酵酿制的过程用法语叫做 Elevage（改良），而生蚝的养殖过程同样有一个特定的名词，叫做 Affinage（精养）。生蚝的养殖短则需要一个月，长则需要八个月，养殖时间越久个头越大，味道也更加鲜美。同时在进行精养期间，根据管理方式不同，养殖出的生蚝会产生胡桃、花生、杏仁等非

常浓郁的坚果香气，有时还会特意只给生蚝喂食绿色海藻，这样一来，生蚝肉会散发绿色光泽，口味也会清淡爽口（因生蚝肉的颜色是绿色，所以也借"verte"这个词，起名为"hutre verte"）。

由于欧美地区养殖生蚝的方式十分独特，因此价格也是居高不下。平常交易时以一打为单位，就算直接去海鲜批发市场购买，单个生蚝也要3～12元人民币，因此买下一顿的量可不便宜。在一般的餐厅点半打生蚝（6个），大约要花掉60元人民币。如果你在点餐时对菜单稍加留意，会发现上面对于生蚝标注了0～6的序号，这表示生蚝个头的大小。数字越大，生蚝的尺寸越小。当然，尺寸越大则价格越高，但并非个头越大就代表散发出坚果香气的概率越高。如前所述，只有经过养殖师精心照料下缓慢生长的大生蚝才会散发出坚果的独特香气。所以说，如果你试图品尝1号和2号的生蚝，就必须看清生蚝供应商是否是著名的生蚝养殖从业人员。

生蚝味道爽口，因此十分适合搭配葡萄酒一起品尝，而最适合搭配生蚝的葡萄酒就是香槟。清新的生蚝香气配上淡雅的香槟酒香一同在口中回味，这种感觉会给人如在云端的满足。尽管优质的生蚝价格不菲，但并不要求一定要配上同样昂贵的香槟。我推荐一款法国桑塞尔地区酿造的桑塞尔（Sancerre）香槟。该酒选用100%的长相思（Sauvignon Blanc）原汁酿造，但桑塞尔地区的长相思与新西兰的长相思有着完全不同的口感。新西兰的长相思散发着一股很浓的春季花蕊的香气，而法国桑塞尔地区的长相思却香气适宜，味道偏向清

桑塞尔葡萄酒
（Sancerre）

新。桑塞尔地区的长相思充分吸收了该地区石灰质土壤所具有的养分，因此酿制出的葡萄酒特别适合与鲜美的海鲜一同品尝，可以最大限度地保留海的味道。桑塞尔香槟的口感清新中透着一股独有的香气，且长期吸收土壤中所含有的矿物养分，所以口感非常清爽宜人，与新鲜的生蚝或生鱼片一起品尝最适合不过了。桑塞尔地区还有一些其他酒庄酿制的葡萄酒也很适合与海鲜一同品尝，我推荐一款桑塞尔城堡白葡萄酒（Chateau de Sancerre）。这款酒的口感也十分清新，搭配海鲜同样可以突出海鲜的鲜味，一般商店的售卖价格为 230 元人民币，在酒吧则要 350 元人民币左右。

Wine Table
不同品种的葡萄所酿制的葡萄酒的口感差异

赤霞珠（Cabernet Sauvignon）红葡萄酒：口感浓烈，带有成熟山葡萄的深色水果香气。

梅洛（Merlot）红葡萄酒：口感浓中带柔。

西拉（Shiraz/Syrah）红葡萄酒：口感较为浓烈，散发胡椒香气。

霞多丽（Chardonnay）白葡萄酒：口感整体偏浓烈，散发橡木香气。

长相思（Sauvignon Blanc）白葡萄酒：口感清爽，带有白花香气。

雷司令（Riesling）白葡萄酒：口感清爽但给人十分高级的感觉，有汽油味，回味悠长。

Vintage # 04

烤五花肉搭配蒙特斯欧法霞多丽干白葡萄酒（Montes Alpha Chardonnay）

美味的秘密藏在独特的吃法上

如果食材口味清淡，则配上酸度较强的葡萄酒就可以凸显食材的风味；相反，如果食材口味过重，则可以配上有碳酸气泡的葡萄酒。

韩国可以说是全世界最爱吃烤五花肉的国家之一，各色烤肉店更是上班族下班后最常光顾的地方，也是好友久别重逢后聚餐的最佳地点。当然，其他国家也有吃烤五花肉的习惯，比如西班牙的五花肉会切得非常厚，烤起来味道更加浓香，吃在嘴里也是异常劲道。西班牙的家猪都是生长在大草原上的，有时牧民还会选择放养，加上喂的都是橡树果实，所以肉质特别棒，味道特别好。但西班牙人烤五花肉的方法与韩国人不同，韩式烤五花肉不放任何调味料，直接烧烤食用，但在欧洲加工猪肉时大多要加入酱汁或各种调味料入味。

烤五花肉是非常刺激口感的食物。五花肉的脂肪含量较高，所以烤的时间久一点时，就会使肉里的油脂慢慢渗出来，让肉质变得特别香，就算不加调料直接烤着吃也是很美味的。烤好的五花肉外焦里嫩，放入口中越嚼越香，劲道可口。

吃烤五花肉容易变胖，所以普通人吃两三片就会停下筷子，但肉香的美味往往会令人忍不住再次拿起筷子，直到撑得吃不下才会放下筷子。

　　为了平衡五花肉的油腻感，我们通常会搭配智利产的口感浓醇的红葡萄酒。但如果红葡萄酒太过浓醇，也会中和掉五花肉所固有的醇香滋味。这时，选择适合的饮料进行搭配就是一门学问了。选择饮料也是有讲究的，饮料本身的味道不能强过食材的原味，两者的结合应恰到好处，不是谁强过谁的关系，而是绿叶配红花，不能喧宾夺主。经过一番品味，最适合搭配烤五花肉的饮料并非是红葡萄酒，而是白葡萄酒，白葡萄酒反而更能保留五花肉的风味和独特口感。

⊣ 红葡萄酒配红肉，白葡萄酒配白肉

　　大部分人的主观看法都认为肉类料理应该搭配红葡萄酒，海鲜料理应该搭配白葡萄酒。红葡萄酒带有红花的香气，而白葡萄酒带有白花的香气，因此，红色食物应该搭配红葡萄酒，白色食物应该搭配白葡萄酒，这样才更加合理。但即便"红葡萄酒配红肉，白葡萄酒配白肉"的准则成立，根据具体食材的区别，仍然可以打破这一规矩，将食材和葡萄酒的搭配做灵活处理。比如，牛肉无论是生吃还是烤着吃，其颜色都是红色，所以搭配口感浓醇的红葡萄酒非常恰当；生猪肉或生鸡肉虽是红色，但烤熟后就会变成白色，所以搭配口感较为清淡的红葡萄酒或是口感较为浓醇的白葡萄酒就更加合理了。

　　至于海鲜料理如果搭配一般口味的酱汁，则可以搭配口感清淡的白葡萄酒一同食用；但如果酱汁的口味很重，则可以搭配口感浓醇的白葡萄酒或是口感略酸的红葡萄酒一同食用。

　　如果你能够懂得如何去调和食材与葡萄酒之间的口味，这才算达到了我所说的"看似不搭，却又非常搭"的境界。例如，如果食材口味清淡，则配上酸度较强的葡萄酒就可以凸显食材的风味；相反，如果食材口味过重，则可以配上有碳酸气泡的葡萄酒。只有基本功扎实的画家才能下笔有神；只有基本功扎实的音乐家才能即兴创作出动听的音乐；只有对食材与葡萄酒的本质有着透彻的了解，你才能真正做到两者的完美搭配。

美食与美酒的完美组合看似容易，实则很难。美食与美酒的完美搭配，法语叫做"marriage"，英语叫做"pairing"，意大利语叫做"abbinamento"。英语与意大利语的意思是"成双成对"，而法语则含有"婚姻"的意味，意思更加含蓄但意味深长。

┥ 霞多丽（Chardonnay）与烤五花肉的完美搭配

最适合搭配烤五花肉的酒是霞多丽品系所酿造的，添加适当橡木香的葡萄酒。所以说，法国勃艮第地区所生产的顶级 Chablis 白葡萄酒并不适合搭配五花肉。烤五花肉的口感虽然柔和，但绝不是非常精致的食材。所以，如果用顶级细腻的霞多丽进行搭配，会让烤五花肉浓烈的油香破坏酒中特有的层次丰富的口感，从而毁掉一瓶顶级好酒。

我推荐的替代酒则是相对容易入手的蒙特斯欧法霞多丽干白葡萄酒（Montes Alpha Chardonnay）。蒙特斯酒庄是世界范围内知名度颇高的酒庄，就算是入门者也都听说过这一酒庄。蒙特斯的名字源于酒庄创始人的姓氏。一位叫蒙特斯的葡萄酒酿酒师和一位负责市场营销的道格拉斯·迈瑞的人在 20 年前一起创立了发现葡萄酒公司（Discover Wine），也就是蒙特斯的前身。

蒙特斯欧法（Montes Alpha）系列使用的是四种葡萄品种。红葡萄酒用的葡萄品种是赤霞珠、梅洛、西拉，而白葡萄酒用的葡萄品种则是霞多丽。霞多丽是蒙特斯欧法系列中唯一一个白葡萄品种。

我们都知道，霞多丽是白葡萄酒品系中最为高级的葡萄酒。世界顶级白勃艮第葡萄酒也是选用 100% 的霞多丽葡萄酿造而成。当然，霞多丽这一品种为顶级白葡萄酒的诞生提供了保障，但并不是所有用霞多丽酿造的葡萄酒都能入顶级行

蒙特斯欧法酒庄（Montes Alpha Winery）

列。可以这样理解，用霞多丽比用其他品种拥有更高的概率酿造出品质更好的白葡萄酒。

蒙特斯欧法霞多丽干白葡萄酒虽然不能算作是顶级葡萄酒，但清爽直接的口感以及自带的橡木烟熏香气十分迷人，能够突出烤五花肉的焦香味。所以说，没有比这款酒更适合搭配烤五花肉了。

Remember Wine Label

蒙特斯在韩国知名度颇高，因此很多人都知道这款酒。但想要记住这款酒所选用的霞多丽葡萄品种，不妨回想一下此款酒与五花肉在口中交汇时所给人的幸福感受，请通过味觉记住这一葡萄品种。

蒙特斯欧法霞多丽干白葡萄酒（Montes Alpha Chardonnay）

Wine Table
开瓶费是"cork charge"
还是"corkage"？

　　"cork charge" 与 "corkage" 两个单词的意思相同，都是指开瓶费。但也有人用 "corkage charge" 来表示开瓶费，这种说法并不准确。开瓶费是指当你不准备在餐厅点酒，而是选择自带酒水饮用时，需要支付除餐费以外的额外费用。为了商家的利益，自带红葡萄酒进入有红葡萄酒的餐厅时支付一些费用也是合理的。这一制度也是商家出于利益考虑所采取的手段，是为了避免客人养成自带葡萄酒就餐的习惯。如果你真的有需要带自己的葡萄酒，那么请你同餐厅认真协商，想必餐厅也会为你提供足够的方便。

Vintage # 05

羊肉搭配经典基安蒂干红葡萄酒
（Chianti Classico）

双倍提升羊肉的鲜嫩口感

经典基安蒂与波尔多梅多克一样都是葡萄酒产地名。一般的酒吧都会在酒架上放上葡萄酒的基本款经典基安蒂干红葡萄酒。

很多不敢尝试羊肉的人对于羊肉所具有的膻气心存顾虑。事实上，羊肉肉质所具有的鲜嫩口感是连猪肉、牛肉，甚至是鸡肉都无法企及的。

说到羊肉，最负盛名的莫过于西班牙中部巴拉多利德郊区所产的羊肉。当地人虽然也吃一般的羊肉菜品，但他们最爱吃的一道菜是烤小羊排。这道菜选用六个月大的羊羔身上的羊排，上面撒上盐，慢火烧烤，烤制成熟后皮酥肉脆，肉质鲜嫩多汁，吃一口就会让人永生难忘。由于这道菜选用的羊肉取自还在吸吮母乳的小羊羔，所以肉质如同牛奶般细滑，于是当地人用西班牙语的牛奶"leche"一词，将这道菜取名为"leechacho"。

在我曾经工作过的餐厅里，最有名的一道菜就是羊肉料理。菜的外观也很独特，是在细细的骨头上裹上厚厚的椭圆形肉球进行加工，所以餐厅的人给这道菜起了一个很形象的别名"棒棒糖"，这道菜质地柔嫩、肉味鲜美。

羊肉不适合搭配口感较重的葡萄酒，选择葡萄品种时，应该选用口感轻柔的品种。我推荐一款叫做经典基安蒂（Chianti Classico）的葡萄酒，这款

葡萄酒选用的葡萄品种是意大利本土品种桑娇维塞（Sangiovese），该款酒与羊肉搭配非常完美。经典基安蒂干红葡萄酒在意大利本土知名度很高，单宁与酸度恰到好处，香气饱满但口味并不复杂，这款酒的口味浓淡适宜，搭配羊肉时不会抢走羊肉的鲜嫩原味。有些地区喜欢用薄荷果酱搭配羊肉一起食用，但搭配经典基安蒂干红葡萄酒才是绝配，能够增添羊肉的特有风味。

有基安蒂就够了

经典基安蒂与波尔多梅多克（Bordeaux Medoc）一样都是葡萄酒产地名。一般的酒吧都会在酒架上放上葡萄酒的基本款经典基安蒂干红葡萄酒。只要让服务员拿来酒单，在上面找一找经典基安蒂干红葡萄酒一栏的葡萄酒，各式各样的经典基安蒂干红葡萄酒的价格就会一目了然。

酒瓶上印有基安蒂（Chianti）字样的葡萄酒品种比你想象的要多得多。从基本的基安蒂开始，有包括古典基安蒂（Chianti Classico）、精选基安蒂（Chianti Superiore）、基安蒂鲁菲纳干红（Chianti Rufina）、基安蒂西耶纳丘陵干红（Chianti Colli Senesi）等在内的多款系列葡萄酒，都是在Chianti后面加上其他单词变成一串名字。其实，还有很多名字，但我在西班牙居住的时间不长，所以也没有机会了解更多的名字。Chianti的字面意思是城市概念里常用的"市"，比如基安蒂鲁菲纳（Chianti Rufina）就是用"市 + 下一级地区名"所组成的葡萄酒名称。具体来说，同"北京市某某区"的意思差不多。这种葡萄酒比基础的基安蒂的味道稍淡，但差别不大。有一个特例是古典基安蒂（Chianti Classico），它的地位就好比是"北京市紫禁城葡萄酒"，因为它位于托斯卡纳地区的中心地带，比起一般的基安蒂或味道更淡的"基安蒂（Chianti）+下一级区地名"的葡萄酒拥有更高的品质，价格也更高。就好比紫禁城是北京风水最好的黄金地带一样，该地区的地价自然也是相当昂贵的。

　　古典基安蒂的价格虽然高一些，但是和普通的基安蒂或是类似的精选基安蒂等葡萄酒比起来还是有合适的价位等级供选择。古典基安蒂这款酒有很多不同的价格等级，如果超出预算，可以量力而行，选择自己负担得起的一款。在超市打折时，用120元人民币就可以买到一款不错的酒，如果去酒吧点上一瓶，可能要花掉170～230元人民币。价格实惠且品质出众就是古典基安蒂的魅力所在。

Wine Table
桑娇维塞系列品种

　　桑娇维塞是来自意大利托斯卡纳地区的 100% 原产葡萄品种。这种葡萄的最大特色是可以制作出纯度适中、带有清淡酸味的葡萄酒，最适合搭配油腻的食物。浦鲁尼罗·杰迪乐（Prugnolo Gentile）是桑娇维塞的当地叫法，而布鲁奈罗（Brunello）则是桑娇维塞的同胞兄弟，两者特色相近。

Vintage # 06

韩国料理搭配教皇新堡酒（Chateauneuf du Pape）

韩国料理与葡萄酒的搭配就像不好分割的年糕

"Chateauneuf du Pape" 的意思是 "教皇的新堡"。14世纪时期，教皇从亚维农搬到教皇厅，在亚维农北边一个叫做卡瑟尼尔的村子里盖了一座避暑山庄，种植葡萄树，这个地方就是今天的教皇新堡。

一本叫做《神之水滴》的漫画曾掀起韩国葡萄酒热潮，漫画中介绍了一款和辛辣很搭的葡萄酒。这款葡萄酒就是名不见经传，来自意大利南部卡拉布里亚地区黎伯兰迪（Librandi）酒庄酿造的格那威罗干红葡萄酒（Gravello）。虽然某种程度上和辣味食品搭配起来看似合适，但和韩国人非常喜欢的辛辣搭配还是略显不够完美。

前面在介绍与烤五花肉搭配的葡萄酒时，指出与美酒搭配时应该找口感相似的食物，同时还介绍了如何 "将不完美的搭配调和得更加完美"。辣味与酸味不同，辣味是刺激性的味道，就像拳击比赛中被一记重拳击中一样，辣味也会将强烈的刺激击打在舌尖上，这种刺激感会在味蕾上停留很久。在辣味的刺激下，还想一味强调去品出葡萄酒的味道就显得不够合理了。其实，在有一种刺激存在时，倒不如通过另一种刺激来中和口感。比如，当吃了辛辣食物时，如果品尝的是意大利阿斯蒂（Asti）起泡酒，那么葡萄酒中的碳酸气泡会中和掉舌尖上的刺激口感，让口中重新充满柔和的口感。所以，当你的口中已经被辣味刺激到不断分泌唾液时，就不要含着柔和的葡萄酒了，这样不仅无法感受到葡萄酒温润的滋味，也无法品尝到葡萄酒独有的香气。

┫ 像在料理上加调味料一样选配葡萄酒

韩国人每逢法定假日或进行庆祝活动时，都会准备很多韩国特色美食。然而，在品尝这些美食时，通常会选择搭配烧酒或白开水。吃下食物后马上喝水，虽然可以迅速缓解干涩感，但口中的残留滋味也会被水冲刷掉。这时，最适合搭配的饮料就是教皇新堡（Chateauneuf du Pape）。"Chateauneuf du Pape"的意思是"教皇的新堡"。14世纪时期，教皇从亚维农搬到教皇厅，在亚维农北边一个叫做卡瑟尼尔（Calcernier）的村子里盖了一座避暑山庄，种植葡萄树，这个地方就是今天的教皇新堡。教皇新堡葡萄酒以其强烈的单宁酸而闻名，所以大部分都会选用歌海娜（Grenache）、慕合怀特（Mourvedre）、西拉（Syrah）、神索（Cinsault）等十几种葡萄品种混合酿造，最多时甚至会混合多达13种的葡萄品种。

搭配韩国料理，不需要选择昂贵的教皇新堡。平时购买的昂贵的教皇新堡都是年份只有几年的瓶装葡萄酒。这种酒的口味过重，会盖过食物本身的味道。但如果搭配年份在10年以上的高级教皇新堡，然后再搭配韩国料理一同品尝，韩国料理所具有的细腻口感就会被瞬间激发出来。但年份久远的葡萄酒不容易购买到，所以，我们可以选购较为容易入手的葡萄酒。

我推荐一款保罗·嘉伯乐（Paul Jaboulet Aine）酒厂酿造的教皇新堡——力斯特（Les Cedres），以此酒搭配韩国料理就很适合。此款酒在普通商店售卖价格约为300元，在酒吧则大约卖到400元。此款酒虽不能算作物美价廉，但想到是节假日才会享用到这样的韩式大餐，所以破费一次也算值得。力斯特是选用70%的歌海娜、15%的神索、10%的西拉以及5%的慕合怀特混合酿制而成。此款酒带有胡椒和肉桂等香料的香味，但口感却不重，很柔顺。用此款酒搭配韩国料理，就如同往料理上撒上一层胡椒粉、辣

椒粉等调味料一样，会增添食物的美味。此
款酒可以使甘润的锅盖烤牛肉、劲道的海鲜
饼、香气四溢的时蔬凉菜等韩式料理更加美
味，突出地道的韩式风味。

教皇新堡酒——力斯特（Les Cedres）

Vintage # 07

中式料理搭配薄若莱村级酒（Beaujolais-Village）

为油腻食物注入清爽的口感

一款红葡萄酒拥有精致口感才能不抢走食材的原味，而"恰到好处的新鲜口感"又能中和食物的油腻感。

如果你让我回想中式料理的制作过程，我的脑海里会迅速闪过两个画面，一是食材上蹿出的火焰，二是铁锅里翻滚的热油。趁着锅中的油温迅速升高时，迅速倒入食材，然后大火翻炒，锅中会蹿出比人还高的火焰，如果不告诉你是在加工食物，你还以为是在进行魔术表演。中式料理的制作手艺跟一场魔术秀几乎没什么区别。我问过制作中式料理的师傅，为什么要用如此多的油，并且要开这么大的火，师傅们几乎是异口同声地告诉我，是因为要在最短的时间内把食材做熟，最大限度地保留食材的新鲜度和营养。所以，如果你有幸品尝到技艺高超的中餐大厨所做的糖醋排骨，你一定会折服于师傅的手艺，经过油炸的排骨外皮酥脆可口，但包在里面的肉却依然鲜嫩多汁，口感极佳。

虽然中式料理会用到很多油，但实际品尝正宗的中式料理后你会发现，其实像糖醋排骨这么油的菜，加工之后并没有想象中那样油腻，反而很清淡可口。

⊣ 简单与浓醇的搭配

选择与中式料理搭配的葡萄酒，其口味一定是简单且浓醇的。如果你接触过葡萄酒，对于这种说法或许会感到奇怪。因为，一般谈到西方料理与葡萄酒的关系时，并没有"搭配法餐的葡萄酒"或是"搭配意餐的葡萄酒"之类的说法，比较常见的说法是"搭配某一地区特色食物的葡萄酒"。在西方，葡萄酒与料理的搭配更加细致，通常会具体到哪种菜品配哪款葡萄酒。当然，这种搭配的细分化与西方的葡萄酒文化有很深的关系，西方的葡萄酒文化积淀程度高，但食物无国界，出现东西方葡萄酒搭配差异的原因有以下两点：

第一，中国不是主要的葡萄酒生产国。虽然中国的很多地区也出产酿制的葡萄酒，但品质还没有达到国际水准。另一方面，欧洲的大小城镇都有酿造葡萄酒的传统，对于如何用当地的特色食材搭配最好的葡萄酒，已经流传了数百年甚至数千年，因此在当地酿造的葡萄酒，经过长时间的种植和改良，已经与当地的食物完美地搭配到了一起。

第二，中式料理有着与西方料理不同的统一性。例如，韩国传统食物的味道重"简单"，而一般普通料理的味道重"辛辣"；而中式料理的特色是"简单"与"浓重"并存，如果你能够了解中式料理的特色，选择合适的葡萄酒进行搭配就不难了。

⊣ 薄若莱村级酒不会喧宾夺主却能中和油腻的口感

我推荐一款法国薄若莱（Beaujolais）地区产的薄若莱村级酒（Beaujolais-Village）等级的葡萄酒搭配中式料理，这款酒搭配口感简单却浓烈的中式料理非常完美。薄若莱这一名称因为薄若莱新酒（Beaujolais Nouveau）的存在而声名鹊起，就连未曾接触过葡萄酒的人也听说过它的大名。薄若莱新酒的出产量与众不同，是根据一年的预计消费量来决定当年的

薄若莱村级酒（Beaujolais-Village）

葡萄采摘量，因此又有"年酒"的别称。一般葡萄酒的制作过程需要采摘—酿造—装瓶—出货等几道工序，整个流程至少需要两年以上的加工时间，但薄若莱新酒却将同样的制作过程缩短为三个月左右。

薄若莱新酒这款葡萄酒采用了一种特别的酒精发酵技术，叫做"碳素发酵法"。通过这一技术，可以将红葡萄酒在出货后六个月内销售一空，从而让它保持最新鲜和最好喝的状态。这种酒的特点在于拥有一种香蕉气味，但这一味道在六个月以后便会消失。因此，消费者通常不会将这种酒放置半年以上。例如，在十一月第三周的星期四买入 2010 年份的酒，到了第二年的春天再饮用，口感就会大打折扣了。

而薄若莱村级酒则是用普通的酒精发酵技术酿造而成，因而需要三至四年的熟成周期，酿造的时间越长，口感越柔顺。"Village"的法语意为"乡村"。薄若莱村级酒与薄若莱新酒或是一般的薄若莱葡萄酒（Beaujolais）的不同之处在于，前者可以依据不同的情况，在酒瓶的标签上标示出不同的乡村名称，因此等级更高。有资格在标签上注明乡村名称的村子一共只有 39 个，这种酒所选用的葡萄都是本村种植的品种，不会使用其他村子的葡萄。虽然可以将村子的名字标注在酒瓶的标签上，但真正认识这些村落名称的人并不多，所以这些村子就都标注了知名度较高的薄若莱村级酒，作为它们的代表。

薄若莱村级酒系列葡萄酒主要使用薄若莱地区所产的佳美（Gamay）葡萄品种酿制，这直接导致它的口感与薄若莱村级酒或是薄若莱葡萄酒不同。

薄若莱村级酒所具有的"精致的新鲜口感"特别适合搭配中式料理。一款红葡萄酒拥有精致口感才能不抢走食材的原味，而"恰到好处的新鲜口感"又能中和食物的油腻感。能够同时具备两大特色的葡萄酒并不多。大多数顶级红葡萄酒往往拥有过人的精致口感以强化食材的原味，但却缺少一定的新鲜口感去中和食物中的油腻成分；而一些熟成度不高的葡萄酒虽然拥有足够的新鲜口感去中和食物的油腻感，但却因为过度新鲜而冲淡了食材的原味。

薄若莱新酒这一等级的葡萄酒通常不会有太大差异，不同乡村酿造的薄

薄若莱酒村(Beaujolais）

若莱新酒之间也没有多大差别，只要挑选适合自己价位的葡萄酒即可。如果非要推荐一些，我建议购买在超市常可以看到的薄若莱村级酒酒庄生产的葡萄酒，比如法莱丽（Faiveley）、乔治·帝铂（Georges Duboeuf）、宝尚父子（Bouchard Père et Fils）等大型酒庄酿制的葡萄酒。因为具有可靠的品质，规模也较大，值得信赖。在超市，这些葡萄酒的售价大约是 120 元人民币，而在酒吧则要卖到 170 元人民币左右。

Wine Table
葡萄酒的最佳饮用温度（一）

　　品尝葡萄酒时，我们往往很难记住每种葡萄酒的最佳品尝温度，所以需要一个大致的标准，方便根据类别选择温度。接下来，我就将背景温度假设在树叶飘落的深秋时节，以此作为常温来说明葡萄酒的饮用温度。价格昂贵的高级葡萄酒或是味道浓烈的葡萄酒要在常温下饮用。而像薄若莱村级酒这类重视新鲜口感的葡萄酒或是高级白葡萄酒，最好先冷藏至手握瓶子感觉稍凉时饮用。至于普通的白葡萄酒或玫瑰葡萄酒、香槟等，则可以放进冰箱，冰镇后再饮用。

Vintage # 08

意大利面、比萨搭配蒙德布奇安诺贵族酒
（Vino Nobile di Montepulciano）

当地的美食要搭配当地的美酒才能获得极致的口感

———————————————————————————————

　　比萨或意大利面等意大利的本地美食通常都会放入很多的奶酪，奶酪的口感本身就很醇厚，因此要搭配酸度较高的葡萄酒才会解腻又爽口，而且用酸度高的葡萄酒搭配油腻的奶酪也十分有利于消化。

　　我在伦敦生活时，家人曾经来欧洲旅行过一次。我陪着家人周游了几个国家，最令他们印象深刻的要数意大利了。我们眼中的意大利是个十分喧闹和充满热度的国家。无论是首都罗马，抑或是拥有世界三大美港之一的那不勒斯，都是十分热闹的城市。古旧的建筑、有些残破的窗台上挂满了随风飘扬的晾晒衣物，坐车穿梭在崎岖不平的道路上，真是一件十分辛苦的事情。家人都想赶快离开意大利，于是随便逛了一些景点就抱怨着如何逃离意大利。

　　其实，当你经常旅行时，就会开始比较城市与城市之间的区别，发现哪些城市适合自己，哪些则不适合自己生活。当时，家人的判断就是意大利十分不适合韩国人生活。

　　如果我询问母亲对于意大利的印象，我猜她一定会如此回答："除了比萨，我啥都没记住！"

　　那次旅行，我听从妹妹的建议，去了一家位于拿波里的餐厅品尝了这家

店的比萨。我和家人点了很多份超大尺寸的比萨，放满了整个餐桌，场面蔚为壮观。

其实，意大利最好的美食并非比萨，因为在意大利吃比萨跟在韩国吃一碗汤饭充饥是一个意思。

⊣ 意大利美食配意大利葡萄酒

与比萨、意大利面等意大利美食最为搭配的美酒便是选用意大利的当地品种桑娇维塞酿制的葡萄酒。比如，蒙德布奇安诺贵族酒（Vino Nobile di Montepulciano）、蒙达奇诺布鲁奈罗（Brunello di Montalcino），或是之前推荐过的一款同羊肉特别搭的经典基安蒂干红葡萄酒等，这几款都是典型的意大利当地葡萄酒。这几款葡萄酒的名称都比较长，但我们只需记住前半段就可以，比如 Vino Nobile、Brunello、Chianti，这样就足够了。这几款葡萄酒中的桑娇维塞葡萄品种的比例都超过了90%。

用桑娇维塞品种酿造的葡萄酒都会有一种特殊的酸味，因此，传统的意大利葡萄酒在世界范围内的接受度并不高。一般较为受欢迎的国际口感是香味和口感都较为浓醇，但酸度并不高的感觉，含在嘴里像是葡萄浓缩液一样，会散发出醇厚的果香，但却不会太过刺激味觉。但是比萨或意大利面等意大利美食通常都会放入很多的奶酪，奶酪的口感本身就很醇厚，因此要搭配酸度较高的葡萄酒才会解腻又爽口，而且用酸度高的葡萄酒搭配油腻的奶酪也十分有利于消化。

最不适合搭配比萨或意大利面的葡萄酒就是智利产或波尔多产的葡萄酒。澳大利亚产的西拉（Shiraz）品种葡萄酒虽拥有醇厚的口感，但酸度却很低，也不适合搭配意大利美食。

如果用上述葡萄酒搭配比萨，就会出现两种食物在口中"各自为政"，丝毫不能融入到一起，呈现复杂且怪异的味道。其实，在亚洲吃比萨的流行做法是搭配可乐等碳酸气体饮料，这是因为碳酸气体同样可以用自己的酸度去中和奶酪的油腻感，意大利葡萄酒与碳酸饮料的功效可谓有异曲同

鸿运威豪葡萄酒（Monte Velho）

工之妙。

⊣ 第二选择是葡萄牙葡萄酒

如果你铁了心不想碰较酸的意大利葡萄酒，我建议用葡萄牙葡萄酒作为替代品。葡萄牙中南部有一处叫做阿伦德如（Alentejo）的地区，这一地区酿造的葡萄酒十分物美价廉，但拥有优秀的品质。这一地区酿造的葡萄酒比意大利桑娇维塞品种的葡萄酒酸度要低一些，但口感醇厚，虽然有些苦涩，但也很顺口。

葡萄牙所产的葡萄酒中，我不建议选择酒标上标有杜罗（Douro）字样的葡萄酒。杜罗河是一条贯穿葡萄牙中北部的河流，杜罗河向西一直流入海洋，而入海处拥有一座以酿造波特酒而闻名的港口。所以种植于杜罗河岸的葡萄基本是用于酿造波特酒用的葡萄原料。

酿造波特酒的酒庄都要事先严选出生产波特酒所需的葡萄原料数量以后，才会将剩下的葡萄拿去酿造其他种类的葡萄酒。因此，杜罗河岸酒庄所酿造的葡萄酒精品，首选是波特酒，其次才是其他种类的葡萄牙葡萄酒，而这类选用"剩料"酿造的葡萄酒，十有八九都是味道苦涩，很难遇到口感顺滑的好酒。

Wine Table
东欧产葡萄酒

　　罗马尼亚以及保加利亚等东欧国家也产葡萄酒。东欧葡萄酒拥有的口感比预想中要出色，通常都是带有清爽果香的低价葡萄酒。红葡萄酒的口感较为新鲜爽口，适合搭配烤猪肉或韩式炸鸡；白葡萄酒则适合搭配海鲜汤面等食物，或者较为适合搭配廉价的白煮海鲜。

Vintage # 09

奶酪搭配甘露酒庄（Concha y Toro）的三重奏赤霞珠干红葡萄酒（Trio Cabernet Sauvignon）

简单至上

三重奏赤霞珠干红是选用 70% 的赤霞珠，混合西拉、品丽珠等品种酿制而成的葡萄酒，所以才会在名称上使用"三重奏"的字样。这款混酿酒与我们平时看到的混酿酒有很大的不同。

"麻烦您推荐一款适合搭配奶酪的葡萄酒可以吗？"

"麻烦您推荐一款适合搭配葡萄酒的奶酪可以吗？"

无论是上述哪一个问题，我都无法给予准确的回答。因为给予的信息有限，既没有确定奶酪的种类，也没有提供确切的葡萄酒类型。其实，单凭一句"奶酪"，无异于让我推荐一款适合百搭的葡萄酒，因为奶酪的种类也是千变万化。世界上有数不清的料理种类，而搭配一款特定食物的葡萄酒也拥有很多选择。清爽可口的嫩豆腐淋上豆香四溢的酱油，这是一道很爽口的小菜，但若搭配智利产的葡萄酒，肯定会冲淡事物的清新香气；口感辛辣的泡菜饼搭配清爽的桑塞尔（Sancerre）白葡萄酒也是一道败笔，辛辣的口感会瞬间冲淡白葡萄酒的清爽滋味。奶酪也有口味清淡如嫩豆腐的品种，也有辛辣如泡菜煎饼的蓝纹奶酪。

在法国的高级餐厅用餐时，服务生在餐后通常会推荐一道单点的奶酪甜品，这道点心是需要另收费的，但在顶级的法式餐厅一般会免费提供。如果你询问服务生有哪些口味的奶酪，服务生就会像说相声一样念出一长串的名字。这时，我劝你还是打断服务生的介绍，请他们直接端来奶酪样品，这样才能更加直观地感受不同的奶酪。服务生一般会端着一盘盛满奶酪的托盘来到你面前，然后开始生动地介绍每一款奶酪的特点。你可以根据自己的喜好选择想吃的奶酪，这时，服务生会立即切一块送到你面前。奶酪的颜色有白色、黄色以及蓝色等很多种，口感有酥软如牛奶糖的，也有硬如石头块的，种类繁多。

⊣ 甘露酒庄的三重奏赤霞珠干红

在韩国国内可以买到的奶酪种类很有限，大多是奶香味很重的卡门伯特奶酪（Camenbert）或是比然奶酪（Brie）、烟熏奶酪（smoke cheddar cheese）。选择与这类奶酪搭配的葡萄酒，一定要选择那种口感浓醇、单宁顺滑并散发橡木香气的葡萄酒，葡萄酒的各种口感要均衡且富有层次。在一般的超市，其实很难买到特别顶级的奶酪，这类批量生产的奶酪虽然拥有很厚的口感，但细细品味你会发现口感和香气十分单调。所以，应该搭配浓醇但各种口味都比较均衡，不会特别突兀的葡萄酒，比如甘露酒庄（Concha y Toro）的三重奏赤霞珠干红（Trio Cabernet Sauvignon）。甘露酒庄是第一家在纽约证券交易所上市的南美第一大葡萄酒公司，是一家传承了木桐·罗斯柴尔德酒庄（Chateau Mouton Rothschild）的老庄主菲利普·德·罗斯柴尔德男爵（Baron Philippe de Rothschild）血统及其技艺的葡萄酒公司，是生产智利的代表性顶级葡萄酒阿玛维瓦红葡萄酒（Almaviva）的公司。

三重奏赤霞珠干红是选用70%的赤霞珠，混合西拉、品丽珠（Cabernet Franc）等品种酿制而成的葡萄酒，所以才会在名称上使用"三重奏（Trio）"的字样。这款混酿酒与我们平时看到的混酿酒有很大的不同。正统的法式波尔多葡萄酒一般是用赤霞珠和品丽珠混酿而成，但这款酒却意外地加入了西拉这一品种，可谓是神来之笔。赤霞珠和西拉都是以口感醇厚而闻名，如果使用其中的一种，正常来讲应该会放弃另一种。但三重奏赤霞珠干红的口感醇厚中却带着十分顺滑的感觉，丝毫不会让你感觉太过浓烈而刺喉。之所以会选择两种风格类似的葡萄品种，就在于大量生产的需要。像这种需要大量生产的葡萄酒，提供葡萄原料的植株通常不会按照顶级葡萄酒所用的植株那样去管理。为了得到最大量的原料，会让一棵植株上尽量结出更多的葡萄串，这样一来，葡萄的品质难免会受到影响，口感也会冲淡很多。顶级葡萄酒所用的葡萄植株，一株上所结的葡萄串通常都会控制在三串之内，但这样显然难以满足大量生产的需要。于是，就采取了用大量生产的赤霞珠与大量生产的西拉混合，从而得到媲美顶级葡萄酒所拥有的醇厚口感的效果。如果使用顶级的赤霞珠和顶级的西拉混合，口感会太过浓烈而难以入喉。

三重奏赤霞珠干红在商店的售价大约为 170 元人民币，在酒吧则要卖到 230 元人民币左右，属于廉价葡萄酒。这是一款适合与好友消遣无聊周末的葡萄酒。

甘露酒庄（Concha y Toro）的三重奏赤霞珠
干红（Trio Cabernet Sauvignon）葡萄酒

Wine Table
关于奶酪

　　提起奶酪，人们大多会想到法国和意大利。法国的卡门贝尔奶酪拥有层次丰富的奶香；高达奶酪（Gouda）以及米摩勒特奶酪（Mimolette）是质地偏硬但口感香醇的奶酪；埃波瓦斯奶酪（Epoisses）是味道臭香且具有刺激性口感的奶酪；洛克福奶酪（le Rocquefort）等呈现蓝色的蓝纹奶酪是带有呛鼻的辛辣味的奶酪。意大利奶酪中，最具代表性的一款是马苏里拉奶酪（Mozzarella），这种奶酪具有特别清新的奶香。马苏里拉水牛奶乳酪（Mozzarella di Buffala）是用水牛奶制成的，比起普通的马苏里拉奶酪口感更加香醇。

Vintage # 10

甜点搭配托卡伊（Tokaji）

全世界一起甜蜜蜜

托卡伊葡萄酒是匈牙利的骄傲和国宝级的产品。它的甜味同苏玳不相上下，但酸度却更加纯正，口感也更富有层次。

"如果有葡萄酒之王，那么托卡伊葡萄酒（Tokaji）就是王中王！"

建造凡尔赛宫的太阳王路易十四曾经自信地说出"朕即国家"。也正是路易十四将托卡伊葡萄酒称作葡萄酒之王，也许是因为这个原因，每次提到托卡伊葡萄酒，我的内心就会无比激动。我参观过很多的高级酒庄，但最辛苦的一次就是造访匈牙利的托卡伊（Tokaji）小镇。从匈牙利首都布达佩斯到位于东北方的托卡伊小镇，整个路程真是让人叫苦不迭！

⊣ 与未知的相遇

法国的西南方有一处叫做波尔多的葡萄酒生产地，而其中就有一座名为波尔多的城镇；匈牙利东北方同样有一处叫做托卡伊的葡萄酒生产地，而区域的中心也有一座叫做托卡伊的城镇。托卡伊镇很小，大概30分钟就可以逛完整个城镇。那日，抵达托卡伊镇以后，我将行李放在旅馆打算去小镇上逛一逛，顺便找一家酒吧喝上一杯。时间是晚上六点半左右，我想此时正是

托卡伊地区（Tokaji）

用餐时间，酒吧应该刚开始营业，但令人意外的是，整个小镇没有几家像样的酒吧，并且大多正在关门打烊。我感到十分意外，好不容易找到几家开门的酒吧，但是店主纷纷挥手表示准备关门。我十分不解，在其他地方，此刻正是酒吧开始营业的时候，可面对英文都不大听得懂的店主，我也只好憋着疑问，继续寻找正在营业的酒吧。就这样被拒绝了很多次以后，我终于遇到一个会说英文的店主，我向店主抱怨："这个地方为何如此奇怪啊？我专程从很远的地方来到这里，可到了晚餐时间想找一个能喝点酒的酒吧都不行，难道你们都是在六点左右就开始关门吗？"

这位店主带着不好意思的笑容答道："你有所不知，这里的酒吧都是这个时间关门。镇上的人早上上班时会进来喝一杯，中午吃饭时会进来喝一杯，晚上下班回家的路上也会进来喝一杯，但一般喝完就直接回家了。客人既然都走了，酒吧当然关门了。我的酒吧算是关门晚的了，会营业到七点半左右。"

第二天去拜访酒庄的路上，我也学着当地人的做法路过酒吧时喝了一杯。说来奇怪，喝了一杯再上路，长途旅行积累下来的疲惫竟然一扫而光，感觉可以轻装上阵了。上班路上喝一杯，午饭时喝一杯，下班回家路上喝一杯……托卡伊人的生活节奏的确很特别，当地人就像借助托卡伊酒的力量生活着。我不禁一时兴起，将我所看到的托卡伊生活称为"托卡伊效应"。

去往酒庄的过程依旧是"历尽千辛"。因为没有直达的巴士，我寻思着坐火车去，可托卡伊的火车居然没有固定的发车班次。等了很长时间，眼看快到酒庄关门的时间了，我急得直跺脚，询问当地人，在哪儿可以打到的士，结果引来候车室的人们一阵哄堂大笑："小伙子，我们这里没有的士这种交通工具啦！"

┥ 色泽金黄的托卡伊

托卡伊葡萄酒是匈牙利的骄傲和国宝级的产品。它的甜味同苏玳（Sauternes）不相上下，但酸度却更加纯正，口感也更富有层次。虽然在韩国喝到托卡伊葡萄酒的机会很少，但若有幸品尝，我可以大致描述一下托卡伊葡萄酒的外貌。托卡伊葡萄酒的瓶身比通常的葡萄酒瓶要小一些，透明的瓶身里装着呈现金黄琥珀色泽的葡萄酒。托卡伊葡萄酒的酒标上都会标示"Tokaji aszu"的字样，"Tokaji"是名词"Tokaj"的形容词用法，所以在后面加了一个字母"i"；而紧随其后的单词"aszu"念做"阿苏"，意为"干燥"。整组句子的含义为"用晚收成的、甜如蜜的葡萄所酿制"。事实上，托卡伊葡萄酒是选用阿苏葡萄所酿制的葡萄酒，而阿苏葡萄就是苏玳葡萄酒所用到的被贵腐菌感染的葡萄。

你还会在酒标上看到诸如"3 puttonyos"、"4 puttonyos"等，数字后面跟着"puttonyos"的字样。"puttonyos"的含义可以理解为"一堆木桶"，前面的数字越大代表酒的甜度越高，售价也会随之越高。托卡伊甜葡萄酒与其他甜葡萄酒最大的不同在于，在榨取葡萄原汁后，并不会马上进行发酵，而是需要多一个步骤，即把榨取的葡萄原汁重新倒入葡萄皮里，然后将混合物放置一两天，使其进一步混合，通过这一过程可以提升含糖量，并且将葡萄皮上的贵腐菌的独特香气融入原汁当中。以136升的葡萄原汁为标准，放入几桶葡萄皮就会在"puttonyos"前面标示对应的数字，比如混合3桶葡萄皮就会写成"3 puttonyos"。

"puttonyos" 的甜度通常有3～6个等级，但"6 puttonyos" 这一等级实在太甜，所以3～5的等级是比较适合饮用的范围。在6上面还有 Aszu Essencia 和 Essencia 两个等级，但普通人恐怕一辈子也难以喝到。Essencia 的浓醇程度简直同蜂蜜有一拼，不妨用手指蘸一下吸吮。这一等级的葡萄酒光发酵就需要十年左右，如果等到完全熟成，大概需一百年以上。开个玩笑，如果爷爷辈买一瓶这种酒，可以当作传家宝一代代往下传，等到重大的祭祀活动时，拿出一小杯祭祖正合适。正是因为拥有独特的工艺，托卡伊葡萄酒才拥有自己独特的风味。当然，托卡伊地区的酒庄不仅生产甜白葡萄酒，也生产干白葡萄酒，口感也是一流。但因为鲜为人知，所以能够品尝的机会也是寥寥无几。

Remember Wine Label

　　托卡伊葡萄酒是餐后甜葡萄酒。甜葡萄酒应该在餐后享用，这样可以有效祛除口中残留的饭菜味，让口腔中重新弥漫甜美和清新的口气，是品尝完一顿美食的完美收官之作。一句话，餐后一杯甜酒就是点睛之笔。

托卡伊蓝方贵腐甜酒
(Tokaji Blue Label)

┥ 可以当作甜点的葡萄酒

苏玳葡萄酒和托卡伊葡萄酒都是甜葡萄酒，若有机会，一定要约上几位好友在餐后一起品尝。餐后不一定非要吃水果，若是将此酒当作甜品细细品味也别有一番风味。如果用托卡伊葡萄酒搭配一小块蛋糕，更是完美的餐后甜点组合。甜蜜的味道可以缓和餐后口腔内残留的杂味，也能使你心情愉悦。大家端着酒围坐在一起欢声笑语，真是幸福美妙的时光！

Wine Table
甜葡萄酒

　　甜葡萄酒以匈牙利的托卡伊酒和法
国的苏玳酒最为知名。此外，德国产的
精选葡萄酒（Auslese），或是酒标上写
有"Auslese"字样的酒 [如逐粒精选葡
萄酒（Beerenauslese）和德国金冰王甜
白 葡 萄 酒（Trockenbeerenauslese）]，
还有冰酒（Eiswein）也是不错的选择。
此外，葡萄牙产的波特酒（Porto）、马
德拉酒（Madeira），加拿大产的冰酒
（Icewine），或是世界各地的酒庄都有生
产的晚收葡萄酒（Late Harvest）都是值
得一试并且拥有独特风味的甜葡萄酒。

今晚喝什么
40种情境，
40款葡萄酒
选配圣经

PART 2

分 享 灵 魂

通过品酒，两个人会逐渐敞开心扉。
"每当看见秋天的落叶就会想起你，也许是一起喝过的
葡萄酒，让我对你念念不忘。"

Vintage # 11

朋友相聚时，选择布其诺酒庄葡萄酒（Tenuta di Burchino）

在人多热闹的氛围中轻松享用

　　这款酒无论在任何时间饮用，都不会让你觉得有什么不妥。这款酒非常适合在忙完一天的工作以后，坐在沙发上整理一天的心情时饮用，但它发挥最大魅力的时刻还是好友们三三两两聚在一起共度好时光时小酌。

　　我偶尔会接到朋友的电话，让我推荐一款好酒。

　　"宰亨，我现在正在超市买一些晚餐会用到的食材，今天要招待一帮朋友，你帮我推荐一款适合的葡萄酒吧！"

　　在完全不知道聚会的规模如何、准备了哪些美食招待客人、聚会的主题是什么等情况下，让我推荐一款适合的葡萄酒有些难。如果我追问客人的男女比例如何、客人的平均饮酒量大约多少、有没有品尝葡萄酒的行家、准备的预算有多少等问题，对方的态度要么开始有些不耐烦，对我敷衍两句，要么直接让我推荐一款适合任何场合的万能葡萄酒。

　　"哎呀，你就直接告诉我一款适合任何人并且物美价廉的葡萄酒就可以啦！"

⊣　寻找"神之水"

　　说得容易，要想找一瓶能够满足所有人的口味，让所有人都爱上的葡萄酒可比登天还难。为了迎合男女的口味，葡萄酒既不能太甜也不能太浓烈；如果对方嗜酒如命，那么葡萄酒的酒精浓度就得高一点，口感浓烈一点；如果对方不常喝酒，那么酒精浓度就得低一点，口感柔顺一点。换句话说，要想满足众人的口味，就得找到一款酒精浓度适中，口感不太浓但也不是很清淡的葡萄酒。最好可以带点果香，但果香又不会盖过本身的酒香。对于爱喝酒的人来说，十分看重香气所体现出来的丰富层次，但对于不常喝酒的人来说，不一定会喜欢香味过于复杂的葡萄酒。最后，还要物美价廉，这就像是在找"神之水"一样。事实上，还真有一款葡萄酒可以满足上述所有条件，这款酒叫做布其诺酒庄葡萄酒（Tenuta di Burchino）。

　　前面介绍过一款古典基安蒂（Chianti Classico），而布其诺酒庄葡萄酒就是古典基安蒂的兄弟精选基安蒂（Chianti Superiore）。这款产自意大利的精选基安蒂，英文叫做 Superior Chianti，意思是"比普通基安蒂更好"。有一款产自法国的波尔多特级区域酒，它的英文名称是 Superior Bordeaux，意思是"比普通波尔多更好"。这些酒加上 Superior 这一标签的理由在于，用来酿造这种葡萄酒的葡萄树通常在单株上结出的葡萄数量比普通的基安蒂（Chianti）或是波尔多（Bordeaux）所选用的葡萄树更少，而且在品质管理及其他条件上更加苛刻和严格。其实，两者的口感差别不大，反而有时后者比前者味道更好，用于酿造古典基安蒂葡萄酒的葡萄树虽然单株的葡萄产量更高，但古典基安蒂的评价却高于精选基安蒂，被认为是更高等级的葡萄酒。其实，影响葡萄产量的因素有很多，往往是几十种因素共同作用的结果，所以与其重视葡萄产量的稀有程度，不如去关注气候和土壤对于葡萄品质的作用。

布其诺酒庄葡萄酒（Tenuta di Burchino）

⊣ 众口可调

我在餐厅工作时，结识了一对年轻夫妇，他们生活得十分优雅，然而他们每次都会点最贵的料理，却只点最便宜的葡萄酒，折合人民币也就 170元。有一次，他们再次来到餐厅用餐时，对我说了一句话：

"每次过来都点最便宜的葡萄酒，实在不好意思。"

他们居然表露出不好意思的神情。这样的态度着实让我吃惊。在舒适的环境中一边享用美食一边品尝美酒，有什么不好意思？过去，我在葡萄酒的故乡欧洲各地旅行时，每次用餐也会点上葡萄酒一同品尝，而且每次点的都是廉价葡萄酒，价格不会超过 60 元人民币。午餐时，我会特意点 500 毫升规格的玻璃容器装葡萄酒，这种名叫 "vin de carafe" 的葡萄酒价格只要 30元人民币左右，没有人觉得喝廉价葡萄酒会难为情。

我对这对夫妻说道："我觉得便宜又好喝的葡萄酒才是最好的葡萄酒。你们现在享用的葡萄酒，其实也是我十分喜欢的一款。"

他们当时点的葡萄酒就是布其诺酒庄葡萄酒。这款酒无论在任何时间饮用，都不会让你觉得有什么不妥。这款酒非常适合在忙完一天的工作以后，坐在沙发上整理一天的心情时饮用，但它发挥最大魅力的时刻还是好友们三三两两聚在一起共度好时光时小酌。这款酒在超市的价格为 120 元人民币左右，在酒吧则要卖到 170 元人民币左右。这款酒物美价廉，恰到好处的果香与口感可以满足大多数人的要求，的确是万能葡萄酒。

用来酿造布其诺酒庄葡萄酒的葡萄产量非常少。以酿造精选基安蒂系列的葡萄产量为标准进行比较，前者的葡萄产量只有后者的 70% 左右；而与酿造普通基安蒂所用的葡萄产量相比，就只有后者的 37% 左右。虽然不能绝对地说葡萄产量低就意味着葡萄酒的品质高，但如果在此基础上继续减少产量，反过来也会影响葡萄酒的品质。这就产生了一个疑问，"用产量很少的葡萄酿制的葡萄酒，价格怎会如此低廉？"

个中原因很多，但最主要还是因为小面积的葡萄园依然可以栽种很多葡萄树。根据土壤性质的差异，有的葡萄园即便种植很多葡萄树也不会影响葡萄的品质，有的葡萄园则必须以适当密度栽种。虽然有些葡萄树需要控制每株的产量，但在同样的面积里可以栽种更多的葡萄树时，整座葡萄园的葡萄收获量也会相应增多，通过这一方式增加产量就可以酿造出足够的葡萄酒了，所以价格也会控制在适当的水平。就拿布其诺酒庄葡萄酒来讲，无论你向任何人推荐，对方一定会给你满意的回馈。

Remember Wine Label

要寻找一款物美价廉的葡萄酒并不容易，恐怕需要火眼金睛才能找到。布其诺酒庄葡萄酒就是一款满足大众口味的葡萄酒，而寻找它的过程却要阅酒无数才行。

Wine Table
对于葡萄酒礼仪的误解

　　我曾经听过一个流行的说法，在高档餐厅就餐时，所点的葡萄酒价格要接近食物的价格。其实，这只是餐厅为了刺激顾客消费散播的谣言而已，也只有那些不懂葡萄酒的人为了满足虚荣心做出的选择。选择葡萄酒的首要原则，是根据用餐预算进行选择，扣除菜品之后所剩的钱就是用来选择葡萄酒的标准。"昂贵的菜品要配上昂贵的葡萄酒"，这种说法其实是刻意将葡萄酒粉饰成高级文化的低俗行为。

Vintage ＃ 12

与外国朋友一起时，选择贝尔科雷酒庄葡萄酒（Belcore）

敬美丽的韩国

贝尔科雷在《爱的甘醇》中扮演一位悲剧的下士，他原本与女主角阿蒂娜约定终身，但却被男主角奈莫利诺抢走爱人，失去了爱情。但他没有对变心的爱人心存怨恨，反而选择了放手，并且在远方祝福女主角能够获得幸福。

每当有外国朋友找我时，我一定会带他们去逛一逛韩国的仁寺洞。仁寺洞是整个韩国最具传统特色的地方。这里的小商店会售卖各式各样的小物件，虽然商业气息浓厚，但除了这里，没有更适合的地方可以深入了解韩国。

◢ 蕴含韩国精神

我会向外国朋友介绍贝尔科雷酒庄葡萄酒（Belcore）是一款真正的"韩国葡萄酒"。这款酒的名字本身的法语发音就是"Belle Coree"，而诙谐地读起来就是"美丽的韩国"。

贝尔科雷酒庄葡萄酒是产自意大利托斯卡纳的葡萄酒，选用了 80% 的桑娇维塞葡萄品种和 20% 的梅洛调制而成。口感不会太过浓烈，也不会单调乏味，既保持适当的顺滑口感，又散发出清爽的樱桃香和淡淡的花香，含在口中十分舒服惬意。

在一般超市的售价约为230元人民币，在酒吧的售卖价格约为350元人民币。这款酒的标签和其他葡萄酒不大一样，标签几乎占满了整个酒瓶，而且上面以水彩画的表现手法印着硕大红润的葡萄串图案，让饮用者仿佛置身于葡萄园中品尝美酒，秋风吹过脸庞，舒适而惬意。

事实上，因为贝尔科雷酒庄的主人太过喜欢多尼采蒂的歌剧《爱的甘醇（L'Elisir d'Amore）》，所以用剧中主人公的名字为这款葡萄酒命名。这座酒庄总共生产了四款葡萄酒，有三款取自剧中主人公的名字，其中就包括贝尔科雷酒庄葡萄酒。贝尔科雷在《爱的甘醇》中扮演一位悲剧的下士，他原本与女主角阿蒂娜约定终身，但却被男主角奈莫利诺抢走爱人，失去了爱情。但他没有对变心的爱人心存怨恨，反而选择了放手，并且在远方祝福女主角能够获得幸福。

当韩国人与外国朋友聚餐时，如果点一瓶这款酒一定会瞬间拉近距离，特别是对于意大利朋友可以幽默地说一句："你知道这款葡萄酒是意大利特意为韩国打造的吗？"

贝尔科雷酒庄葡萄酒（Belcore）

Wine Table
读懂葡萄酒酒标的方法

　　读书没有捷径，读懂葡萄酒标签的内容也同样没有捷径。不过可从一些皮毛开始逐步了解。如果是法国葡萄酒，酒庄的名字往往很大，产地或葡萄园的信息则会在其下面的位置用相对较小的字号标出，而其他国家则大多与此相反。

　　如果是德国葡萄酒，相对于酒名，查看酒精浓度更容易辨识，酒精浓度超过 12% 时往往是干酒（dry wine）的概率较高，若酒精度低于 12% 则是甜酒（sweet wine）的概率较高。

　　意大利葡萄酒往往会最先标出葡萄品种，后面加上 di（d'），最后再标出地名。但现在的流行做法是只标记葡萄酒名称。美洲和澳大利亚的葡萄酒通常会用很大的字体标出葡萄品种。所以说，若是在了解葡萄品种特点的基础上，再想象一下当地的气温，你就可以大概猜出葡萄酒的味道如何。

Vintage # 13

宴请时，选择瓦布伦纳 5° 干红葡萄酒（Valbuena 5° ）

助你成为宴请达人

"宴请"的本意就是招待客人，但如果主题全都放在醉酒上，根本无法好好招待客人。成功的招待是要让对方身心愉悦。如果想让对方有宾至如归的感觉，并且希望初次见面时就留下好印象，日后能够维持良好的关系，葡萄酒一定可以派上用场。

在餐厅做侍酒师不是一件容易的工作。一味向客人推荐贵的葡萄酒自然不妥，侍酒师必须对厨师的技艺了如指掌，同时也要为客人答疑解惑，提供专业指导，有时还要为宴请活动提供帮助。

在众多老顾客中，有一位客人是在一家公司的公关部门工作。他的主要工作任务就是接待重要的业务往来对象，为顺利签订新合同、开发新业务而招待好客户。每天晚上他都要在餐厅喝酒应酬，已经到了身心俱疲的程度，别人喝酒脸色都会变得红润，而他的脸色已经暗淡到失去了血色。有一次，他说自己的身体已经吃不消了，可晚上又要去应酬一桌客人，而且还得喝调制的"三盅全会"，他都动了离职的念头。

我给了他一个建议，不如尝试新的酒桌文化。目前，企业正在掀起一股品尝葡萄酒的饮酒文化，为何不用葡萄酒来代替伤身的"三盅全会"？虽然，我的这番建议看似在推销餐厅的葡萄酒，但我其实是发自内心为他着想。

━┥ 在酒桌上拿得出手的品牌葡萄酒

"宴请"的本意就是招待客人，但如果主题全都放在醉酒上，根本无法好好招待客人。成功的招待是要让对方身心愉悦。如果想让对方有宾至如归的感觉，并且希望初次见面时就留下好印象，日后能够维持良好的关系，葡萄酒一定可以派上用场。如果你要招待的客人十分重要，与其点上千元的威士忌调制"三盅全会"让对方喝醉，不如请对方到氛围温馨的西餐厅享受一顿正宗的西式料理，然后配上一瓶顶级的葡萄酒，这样不仅让对方感受到你的一片诚意，而且能拥有更高级的享受。层次丰富的香味、顺滑的口感，让人略微产生醉意的葡萄酒一定能够打开对方的心扉，成为你与客人愉快交谈的润滑剂。葡萄酒的另一种魅力在于，顶级的葡萄酒会给人一种相见恨晚的感觉，就像是久别重逢的老友。

如果需要用酒来招待客人，我推荐以下几款可以派上大用场的葡萄酒，分别是来自法国勃艮第地区的罗曼尼·康帝（La Romanee-Conti）、法国波尔多地区的玛歌酒庄（Chateau Margaux）、美国纳帕谷地区的作品一号（Opus One），以及澳大利亚产的奔富酒庄葡萄酒（Penfolds Grange）等。

不过，我在这里要向大家推荐另一款我十分心仪的西班牙葡萄酒。

在西班牙，随便询问一位路人是否知道贝加西西利亚（Vega Sicilia）时，恐怕没有人会摇头。贝加西西利亚是西班牙顶级的葡萄酒公司，也是一家拥有四座酒庄的大型葡萄酒生产企业。不过，重点不在于它拥有几座酒庄，而是该企业酿制出的葡萄酒拥有无与伦比的品质。贝加西西利亚是一家名副其实的世界顶级品牌葡萄酒生产企业。它在西班牙杜埃罗河岸拥有两家酒厂（分别是贝加西西利亚和阿里安），在托罗地区拥有一家聘缇雅酒庄，在匈牙利的托卡伊地区拥有一家奥廉穆斯酒庄。

集团主人不知秉承什么样的管理哲学，将酒庄与员工的关系结合得非常紧密。贝加西西利亚集团的酒庄不仅从外表上看起来异常华丽，连内部的工作人员也都秉承一丝不苟的工作态度，对酒庄的每一个细节、每一个角落都保持尽善尽美的状态。对于酒庄的卫生管理更是坚持完美，为了确保每一个软木塞的品质准确无误，从材料筛选到干燥加工，再到最后的成品制作，每一个环节都要在标准化的管理下在酒庄内部完成。

┥ 为成功助一臂之力

贝加西西利亚酒庄共生产三款葡萄酒，其中最便宜的一款就是瓦布伦纳 5° 干红葡萄酒（Valbuena 5°）。虽然相对于其他两种葡萄酒要便宜一些，但它在普通商店的售价已经接近 2200 元人民币，在酒吧则要卖到 2300 元人民币以上的价格。比它高一等级的独一珍藏级（Unico）和特选精品级（Unico Reserva Especial）就曾经出现在英国查尔斯王子和戴安娜王妃的世纪婚礼上，这两款的单瓶售价更是高达 5700 元人民币，普通老百姓几乎是难以有机会品尝如此昂贵的葡萄酒。

瓦布伦纳 5° 干红葡萄酒是以大约 76% 的丹魄（Tinto Fino），混合梅洛、马尔贝克、赤霞珠所调制而成的葡萄酒。丹魄品种是西班牙杜埃罗河岸所种植的当地葡萄品种添帕尼优（Tempranillo）的别名。"Tempranillo" 一词源自西班牙语 "temprano"，意为 "早一点"。作为一种酿制红葡萄酒的葡萄品种，相对来说可以早点催熟，所以才有了这样的名称。

如果葡萄可以早一些催熟收成，既可以避开秋季可能出现的暴雨灾害，同时也能躲避病虫害爆发，好处多多。但也有人指出，虽然缩短了生产时间，但葡萄如果太早成熟，就会比那些正常成熟的葡萄少了缓慢成熟的过程中酝酿的细腻且醇厚的口感，不适宜用来酿制可长期储藏的高级葡萄酒。不过，这显然是过于主观的认识，就算是催熟而成的葡萄，如果栽种的环境十

分理想，也可以通过特殊的栽培工艺来酿制品质高级的葡萄酒，瓦布伦纳 5° 干红葡萄酒就是这样一款葡萄酒。

1914 年至 1975 年，Valbuena 5° 的名称始终是红色瓦堡拿（Tinto Valbuena）与五年（5 anos）的结合。五年的由来是因为从葡萄成熟到装瓶出货需要大约五年的时间。通常认为的高品质葡萄酒，在橡木桶内熟成的时间大约需要一年半的时间，装瓶后大约再需要熟成一年就可以上市销售了。但瓦布伦纳 5° 干红葡萄酒在橡木桶内熟成的时间大约需要三年，装瓶后需要再放置两年等待完全熟成后才能上市销售。这一周期刚好是普通葡萄酒熟成时间的两倍。

一款葡萄酒经过五年的时间才会完全熟成并上市，这样的葡萄酒本身就酝酿了巨大的能量。也许是因为年份的作用，这款酒的口感既浓烈又顺滑，是一款给人从容指点江山之感的葡萄酒。当你在生意场上试图用从容不迫的气度让对方与你达成合意时，不妨邀请对方一起品尝顶级的瓦布伦纳 5° 干红葡萄酒，将这款酒的高贵形象与你公司的形象相结合，必能给对方一种踏实的感觉，为你的成功添砖加瓦。

Remember Wine Label

瓦布伦纳 5° 干红葡萄酒很容易与成功者的形象联系在一起。请记住，在大牌领域里，除了玛丽莲·梦露爱用的香奈儿 5 号（Chanel N° 5），还有一款高端大气上档次的瓦布伦纳 5° 干红葡萄酒，在成功的路上，请不要忘记此款葡萄酒提供的一臂之力。

1. 瓦布伦纳 5° 干红葡萄酒（Valbuena 5°）
2. 独一珍藏级（Unico）

Wine Table
使用葡萄酒进行款待时需要注意两点

第一，提前确认要去的酒吧或餐厅所提供的葡萄酒单。如果临时发现就餐餐厅没有你想要的葡萄酒时，临阵换地会很尴尬。如果你为了换一款葡萄酒而表现出手足无措的状态，也会让人觉得有失待客之道，就像是没有准备一样。

第二，最后给点酒的人倒酒才是待客之道。点酒者无论是男是女，最后给点酒的人倒酒才是正确的顺序。许多人认为如果女士点酒，就应该拿出女士优先的风度先为女士倒酒，但却是失礼的表现。首先应该给点酒的人倒一点品尝，然后按照女性、男性以及点酒者的顺序倒酒。若是有人离席去洗手间或是去打电话就暂时不要倒酒，等客人回到座位后再继续倒酒，如此便是以礼相待。

Vintage # 14

与良师益友一起时，选择阿尔巴内比奥罗
（Nebbiolo d'Alba）

向关照你的上司表达谢意

"内比奥罗生长在普通葡萄无法适应的恶劣环境中，所以阿尔巴内比奥罗是一款集高贵和强烈生命力于一身的优秀葡萄酒。您与我的关系就如同这酒，在我彷徨不安的时候，是您成为了我坚强又值得信赖的依靠，并且在我的人生道路上提供无私的帮助，您就是我生命中的贵人。"

　　清晨的雾气很重，每走一步都像进入了不可预知的世界，行人和车子在浓雾中若隐若现。在雾中行走，你会感觉身边的一切不断消失又不断隐现，给人一种不可预知的恐惧。对于未知，人生来就有一种恐惧感，尤其是当周围的世界让你看不清楚时，你才会发觉个体是如此渺小。有一些葡萄酒就如同清晨的迷雾，既神秘又让人兴奋得心跳加速。意大利皮尔蒙特地区生产酿造的阿尔巴内比奥罗（Nebbiolo d'Alba）、巴罗洛（Barolo）、巴巴罗斯柯（Barbaresco）就是这样充满未知和神秘的酒。阿尔巴、巴罗洛、巴巴罗斯柯都是位于皮尔蒙特地区的乡村名字。这些葡萄酒虽然都是选用意大利当地的葡萄品种内比奥罗（Nebbiolo）所酿造，但由于这是意大利的特色品种，所以出于广为人知的考虑并没有在瓶身标签上特别标注出来。就像一提到法国勃艮第的葡萄酒就会想到是选用黑皮诺品种所酿造一样，即便没有在标签上注明，懂行的人也可以猜得出。

皮尔蒙特的晨雾

⊣ 皮尔蒙特的清晨

　　皮尔蒙特的清晨特别容易起雾。巴罗洛和巴巴罗斯柯是依山傍水的村落，因为建在倾斜的山坡上，所以经常雾气弥漫。早晨出门的时候，不经意间看看自己的双脚，仿佛自己已经成为了腾云驾雾的仙人。这里的雾气要等到中午时分才会逐渐褪去。这一葡萄产区所种植的内比奥罗本身就是取自意大利文"雾气（nebbia）"，这一单词含有雾气在多地升腾的意思。雾气对于葡萄生长来说不是有利的天气条件，浓雾不仅会伤害生长中的葡萄植株，而且过大的湿度容易使葡萄腐烂。但内比奥罗这一品种的葡萄皮比黑皮诺的还要厚，能够有效抵御雾气的侵扰，所以适合生长在浓雾的环境中。这一品种的葡萄中含有独特且醇厚的单宁酸，而且加上浓雾和湿气的浸润，酿造出来的葡萄酒拥有浓烈刺激的口感，与波尔多葡萄酒一样醇厚，但优雅细腻的口感又不输给黑皮诺葡萄酒。

　　被称为"皮尔蒙特之宝"的巴罗洛葡萄酒可算是意大利葡萄酒之王，而巴巴罗斯柯则称得上是"意大利葡萄酒女王"。巴罗洛葡萄酒是力量感很强（简单来说就是醇厚）的男性葡萄酒，而巴巴罗斯柯则是细腻优雅（简单来说就是口感轻柔）的女性葡萄酒。但这不是普遍的口感，价格昂贵的巴巴罗斯柯比价格低的巴罗洛葡萄酒口感更加醇厚。即便是价格相差无几的巴罗洛葡萄酒和巴巴罗斯柯葡萄酒也可能会因为酿造的酒庄不同而出现颠倒的口感。

⊣ 像良师益友般的葡萄酒

　　如果有幸与平常颇为照顾你的良师益友或是职场上司同桌共饮，我建议你选择阿尔巴内比奥罗葡萄酒来表达你的感激之情。从等级上讲，

巴罗洛葡萄酒（Barolo）

阿尔巴内比奥罗虽然不及巴罗洛葡萄酒和巴巴罗斯柯，但也能跨入高级葡萄酒的行列。另外还有一种同这款等级相同的葡萄酒——朗恩内比奥罗干红（Langhe Nebbiolo），两者在商场的售价在 280～460 元人民币之间。比起巴罗洛和巴巴罗斯柯，阿尔巴内比奥罗的售价虽然较低，但却是很有内涵的一款酒。首先，为你的上司斟上一杯阿尔巴内比奥罗，然后结合这款酒的背景知识表达一番感激之词，相信对方一定能够深切感受到你的一片诚意。

"酿造这款酒的 Alba 地区也是出产世界顶级蘑菇白松露的神秘之地。为酿造这款酒选用的葡萄品种是素有'迷雾葡萄'之称的内比奥罗。内比奥罗生长在普通葡萄无法适应的恶劣环境中，所以阿尔巴内比奥罗是一款集高贵和强烈生命力于一身的优秀葡萄酒。您与我的关系就如同这酒，在我彷徨不安的时候，是您成为了我坚强又值得信赖的依靠，并且在我的人生道路上提供无私的帮助，您就是我生命中的贵人。"

巴巴罗斯柯葡萄酒
（Barbaresco）

Wine Table
葡萄酒价格的秘密

　　大型折扣超市、普通商店、酒吧以及餐厅的葡萄酒售价均不相同。大型折扣超市基于薄利多销的原则，价格较为低廉，而葡萄酒商店的顾客比大型折扣超市要少，所以葡萄酒的价格也相对较贵，不过商店销售员所掌握的葡萄酒专业知识比卖场销售员要多。而酒吧和餐厅要考虑装修费用、房屋租赁费用以及翻桌率、专业侍酒师等成本因素，会定较高的价格；另外，葡萄酒和白葡萄酒、啤酒等酒类不同，一般点上一瓶会饮用很长时间，所以一个晚上的翻桌率较低，接待客人的成本较高，这也直接导致这些地方的葡萄酒要贵很多。

Vintage # 15

与葡萄酒达人一起时，选择云鹤庄园葡萄酒（Domaine Weinbach）

葡萄酒达人也会竖起拇指

喝到葡萄酒的那一刻，我彻底忘记了之前的不愉快，无论老奶奶摆出怎样的态度我也能接受，就算酒庄因准备圣诞而无法接待我，我也全然不计较了。这杯酒已经彻底融化了我的心，所有的一切都值得原谅。

酒庄特别重视催熟葡萄酒的过程，往往会倾注很多细腻的工作，甚至会采用一些独门绝技。位于法国阿尔萨斯的苔丝美人庄园（Domain Marcel Deiss）的庄主就是一位疯狂的家伙，他在葡萄酒熟成期间，索性睡在酒桶旁，亲自守护自己的"孩子"慢慢长大；以酿造膜拜酒（Cult Wine）而闻名的哈兰酒庄（Harlan Estate）的庄主则是每天都要将橡木桶360度旋转一圈；而以酿造蒙特斯欧法干红（Montes Alpha）闻名的蒙特斯酒庄的庄主则是在储藏葡萄酒期间播放古典音乐来熏陶葡萄酒的"灵气"；而位于德国某酒庄的庄主则嫌上述这些人的做法还不够刺激，索性直接在葡萄园播放交响乐，从原材料葡萄开始培养优雅的气质。

这些靠着酒庄主人精心调教酿造出来的葡萄酒确实有其独到的地方。比起那些拥有尖端技术的酒庄，坚持传统酿造工艺的酒庄同样能够酿出高品质的葡萄酒，味道别具风格。其实，酿造一桶好的葡萄酒，重点不在于不同的发酵过程，而在于投入多少的心力去酿造。我们常说的餐厅"口碑"也适用

云鹤庄园（Domaine Weinbach）

于葡萄酒领域。

　　那些在食物方面拥有好"口碑"的餐厅往往会给人有些傲慢的印象，或许是因为自信，对客人显得不够热情。我们去参观酒庄也是一样，有时需要一定的耐心去忍受酒庄不待见的情况。访问酒庄之前，最好以电话形式确认两三次为好。第一次是打电话预约时间，之后在正式出发前再确认一遍对方的情况。如果没有事先预约，那么十有八九会吃闭门羹。但有时即便你已经电话确认过好几遍，但去时仍会被对方以种种理由拒绝访问。我去访问位于法国阿尔萨斯的云鹤庄园（Domaine Weinbach）时就吃过闭门羹。

⊣　云鹤庄园的魔女

　　波尔多至阿尔萨斯的距离非常远，两地相隔大约 850 千米，从一地前往另一地并不是一件轻松的事情。踏入酒庄的大门，一幅传统法国田园风光画映入我的眼帘，让我很是兴奋。酒庄的房屋是典型的阿尔萨斯当地风格，房间分割得很整齐，大厅里放置了许多古董家具。我在等待主人接待时坐的客人椅少说也得有上百年的历史。等了许久，会客厅通往起居室的房门终于被打开了，一位并不面善的老奶奶出现在我面前。

"有何贵干？"

"我有预约参观酒庄。"

"哦，我能帮你些什么？"

"是这样，如果可以允许我参观酒庄，并试饮贵庄的葡萄酒，真是感激不尽！"

"可我们酒庄上下都在忙着准备迎接圣诞节，不方便让你参观。我可以请你喝一杯，然后就请离开吧。"

当时的我可气坏了，对方居然出尔反尔，无视我的预约，只想用一杯酒打发我走，实在不可理喻。开车花费的油钱已经让我心疼不已，而面对一位风尘仆仆赶来拜访的客人不尽地主之谊，实在有违待客之道。但我也猜想可能是老奶奶年纪大了，没记住我的预约，或者确实是因为圣诞节，导致庄园上下真的很忙，无暇照顾一位访客，所以面对老奶奶冷冰冰的脸，我并没有计较。但我在心里暗暗发誓绝不会买这里的酒。

老奶奶打开隔壁房间的门走了进去，透过门缝，我偷瞄了一下隔壁房间内的情况，只听见房间里传出轰隆隆的声音，十分热闹。也许老奶奶说得没错，大家都在忙着准备过圣诞。老奶奶好像察觉到我在偷看，于是随便拿起一个看似别人用过的杯子回到了待客室。她把试饮的葡萄酒放在桌子上，往里倒了一点点。我心里越发不痛快，心里埋怨着老奶奶如何如何自私、如何如何不懂待客之道，我一边想一边有些不情愿地将酒杯凑近了鼻尖。

就在酒杯触碰鼻尖的一刹那，我的眼睛睁得溜圆，一股说不出的香气扑鼻而来！葡萄酒在酒杯里散发出奇异的香气，既不粗糙也不浓烈，复杂的香气很有层次地递进到我的鼻子里，一旦吸入就会久久停留在味觉记忆中。让酒香停留在鼻尖一小段时间以后，我把酒送进了口中，酒体滑入口中的滋味是如此顺滑且富有层次，"究竟该怎样形容这款美酒呢？"我已经无法用语言去形容滑入口中的葡萄酒，完全陶醉在葡萄酒所散发的香气中。

喝到葡萄酒的那一刻，我彻底忘记了之前的不愉快，无论老奶奶摆出

云鹤庄园干白葡萄酒
(Domaine Weinbach)

怎样的态度我也能接受,就算酒庄因准备圣诞而无法接待我,我也全然不计较了。这杯酒已经彻底融化了我的心,所有的一切都值得原谅。也许是我的演技太逼真,故意将陶醉的样子藏得很深,老奶奶以为我没什么反应,所以不甘心地又倒了一杯。眼前这杯透明的白葡萄酒有着奇异的香气和层次丰富的口感,让人欲罢不能,于是,我终于扔掉所谓的面子,果断问出了憋在心底的一句话:"请问,我能从您这里买酒吗?"

┤ 适合饮用的温度

阿尔萨斯葡萄酒受德国葡萄酒的影响很深,一座酒庄会种植很多品种的葡萄,云鹤庄园也不例外。云鹤庄园生产的葡萄酒有三大类别:第一种是白葡萄酒,包括西万尼(Sylvaner)、白皮诺(Pinot Blanc)、麝香葡萄(Muscat)、雷司令(Riesling)、灰皮诺(Pinot Gris)、琼瑶浆(Gewurztraminer)等,是选用普通品种的葡萄酿造而成;第二种葡萄酒叫做"Cuvee",这款酒是三大类别中最特殊的一个,酒庄给它取了三姐妹的名字,分别叫做西奥(Cuvee Theo)、圣凯瑟琳(Cuvee Sainte Catherine)、罗伦斯(Cuvee Laurance)。Cuvee 的原意是储藏库或储藏罐,但用于葡萄酒名称却有着特殊含义,强调酒庄为酿造这款酒投入了特别的心力;第三种酒的产量不多,普通人也很难接触到,主要是偏甜的酒。

如果你喜欢葡萄酒，我建议你无论如何要找个机会品尝一下云鹤庄园葡萄酒（Domaine Weinbach）。如果你身边有爱好葡萄酒的朋友，并且喜欢与你探讨葡萄酒的学问，那么就请你为他准备一瓶云鹤庄园葡萄酒吧。

　　品尝此酒的秘诀只有一个，就是不要在太冰的时候饮用。通常，白葡萄酒最好放在冷藏室超过三小时后再饮用，这时酒体才会被充分地冰镇。但像云鹤庄园葡萄酒这种以丰富的层次、变化多端的香气而闻名于世的美酒就不大适合在太冰时饮用了，应该将此酒当作是口感清淡顺滑的红葡萄酒来饮用。所以将倒了酒的酒杯放在手上，感觉略有些冰凉时就是最佳饮用温度。云鹤庄园葡萄酒是可以向葡萄酒专家推荐的酒，这款酒获得过无数赞誉，是那种可以让人一见倾心的酒，但你绝对不会想到这款酒是那些看似有些不通情达理的"老顽固们"精心酿造而成的。

Wine Table
葡萄酒的最佳饮用温度（二）

　　品尝葡萄酒最重要的就是饮用温度管理，根据单宁酸、酸度以及香气等主要指标，介绍如下：

单宁酸的品质		单宁酸的量（浓度）	
柔和的单宁酸	在室温下饮用	浓	在室温下饮用
浓烈的单宁酸	冰镇饮用	淡·	冰镇饮用

酸度（酸的程度）		香气的复杂程度	
高（很酸）	冰镇饮用	复杂	在室温下饮用
低（不酸）	在室温下饮用	简单	冰镇饮用

Vintage # 16

专属于女人的格兰菲雪庄园春天园晚收雷司令甜白葡萄酒（Grans-Fassian Trittenheimer Riesling Kabinett）

为美女们欢声笑语营造氛围

格兰菲雪庄园春天园晚收雷司令甜白葡萄酒比一般酒的酒精浓度略低，属于口感甜美的类型，酒体散发多汁水蜜桃的香气以及百花的香气，但口感却不会过分的甜，所以不会让饮用者产生甜腻的感觉。

"麻烦为我们安排一个僻静一点的位置，谢谢！"一位女顾客嘱咐道。

"没问题，请问还有其他需要吗？"

"我们是四位女士一起聚餐，麻烦推荐一瓶不错的葡萄酒，我们几个姐妹久别重逢，希望可以度过一个愉快甜蜜的夜晚。"

每当我接到这种电话，就会感觉如履薄冰一样，几乎所有来就餐的客人都希望能够留下美好的就餐回忆。但即便我自认为准备了完美的餐点，配上了无敌的葡萄酒，可总会出现一些意料之外的情况，毕竟众口难调，每个人评价一瓶酒好与坏的标准都很主观，所以我总是提心吊胆地观察顾客的反应，生怕自己做错了什么事。

为了给这位女顾客推荐适合的葡萄酒，我略微沉思了一会。女生们聚会时通常都会活力四射，话题不断，尤其是闺蜜久别重逢，一定是越聊越兴奋，聊到双颊红润、口干舌燥是必然的结果，所以服务生要时刻注意为女士们加白开水，我猜想这位女顾客应该也是上述这种类型。最后我判断，准备一瓶略带碳酸气并散发甜美滋味的葡萄酒一定能让谈话的氛围更加轻松惬意，让美女们感觉心里美滋滋的。于是，我的脑海瞬间浮现了一瓶酒，这就是格兰菲雪庄园春天园晚收雷司令甜白葡萄酒（Grans-Fassian Trittenheimer Riesling Kabinett）。

⊣　活跃女生话题的格兰菲雪庄园春天园晚收雷司令甜白葡萄酒

说起出产世界闻名白葡萄酒的国家当首推德国和新西兰。新西兰白葡萄酒选用带有浓郁百花香气的长相思作为原料，而德国白葡萄酒则选用给人细腻矿泉水（苏打水）感觉的雷司令品种作为原料。很多人对于德国的雷司令品种心存误解，认为德国的白葡萄酒要么比法国的苏玳（Sauternes）更甜且更贵，要么就是难以入口的廉价货，其实这是错误的观念。德国的白葡萄酒与法国阿尔萨斯区的葡萄酒属于同一个等级。

我曾短暂停留过德国的法尔茨（Pfalz）地区，并且在偶然的机会下拜访了当地最大的酒庄穆勒－卡托尔（Muller-Catoir）。虽然这座酒庄的葡萄种植园并不大，但却是生产贵腐葡萄酒的家族，其规模在德国并不算小，可是比起波尔多的酒庄确实算得上是小巫见大巫。穆勒－卡托尔酒庄共栽种了十种以上的葡萄品种，比起只栽种三到四种葡萄品种的波尔多要多出很多品种。虽然种植种类较多，但产量很少，从而直接导致出口量也并不多。因此，德国葡萄酒远不及波尔多葡萄酒有名也在情理之中了，但论起品质，德国白葡萄酒绝对会让你毕生难忘。

德国白葡萄酒

格兰菲雪（Grans-Fassian）　酒庄名

特立顿赫姆（Trittenheimer）　葡萄园名

雷司令（Riesling）　葡萄品种名

卡比纳（Kabinett）　德国葡萄酒的等级

格兰菲雪庄园春天园晚收雷司令甜白葡萄酒（Grans-Fassian Trittenheimer Riesling Kabinett）

　　Grans-Fassian Trittenheimer Riesling Kabinett 是德国白葡萄酒的名字，虽然词组复杂，但逐字拆解后再理解就要容易得多。格兰菲雪（Grans-Fassian）是位于德国西部摩泽尔（Moselle）地区的酒庄名，雷司令（Riesling）是德国高级白葡萄酒所选用的葡萄品种，特立顿赫姆（Trittenheimer）是葡萄园的名字，卡比纳（Kabinett）是德国葡萄酒的等级，若还是觉得名字不好记，可以简称为"Grans-Fassian Kabinett"。

　　格兰菲雪庄园春天园晚收雷司令甜白葡萄酒比一般酒的酒精浓度略低，属于口感甜美的类型，酒体散发多汁水蜜桃的香气以及百花的香气，但口感却不会过分的甜，所以不会让饮用者产生甜腻的感觉。将此酒冰镇饮用可以带来清爽畅快的口感，能让燥热的心情迅速降温。该酒在一般商场的售价约为170元人民币，在酒吧则要230元人民币左右。聚餐时如果有很多女士的话，不妨点一瓶 Grans-Fassian Kabinett，相比可乐或橙汁这类饮料，这款来自德国的白葡萄酒一定能让现场的氛围更加热烈，让美女们打开话匣子，聊个痛快。

Wine Table
关于女性喜欢的葡萄酒

　　比起男性，女性对于香气和口感的感受程度要更加细腻和敏感。女性通常喜欢香气不太浓烈但隐隐散发的柔和型葡萄酒。因此，比起略带苦涩口感的红葡萄酒，女性更加偏好口感细腻甜润、香气沁人心脾的起泡酒或是口感柔和的甜葡萄酒。但不要因为喜欢一种口感就锁定一款葡萄酒一直饮用，这样将会失去尝试新鲜口味的乐趣。你可以试着尝一尝口感相似但又有些区别的葡萄酒，并且通过这一过程不断探索未知的领域。

Vintage # 17

想要挫一挫伪葡萄酒爱好者的锐气时，选择蒙图庄园葡萄酒（Chateau Montus）

我也能成为葡萄酒达人

> 蒙图庄园与蒙图庄园特酿不同，很多人因为不懂两者的区别，所以在酒吧常闹出笑话，后者是选用100%的塔娜品种酿制而成，比起前者售价要高出两倍不止。

与朋友们同桌共饮时，常能看到一些人仗着自己懂点葡萄酒知识便在席间高谈阔论，一副目中无人的架势，让气氛变得十分尴尬。这种人根本不在乎周围人的感受，喜欢夸夸其谈自己的那点葡萄酒知识，希望看到不懂葡萄酒的人自惭形秽的样子，从而满足自己的虚荣心。其实，即便拥有足以媲美专业品酒师的渊博才识，也不能算是真正懂酒的人，他们只是将懂葡萄酒当成炫耀自己的工具，根本没有用心去品酒。

然而，做个葡萄酒门外汉也不是什么光荣的事情，特别是在与别人一起饮用葡萄酒的场合，适当地积极谈论有关葡萄酒的话题是十分活跃气氛的事情。尤其是当对方也懂点葡萄酒知识时，如果你过分谦虚反而显得有些不合群，在一些需要经常饮用葡萄酒的商业宴会上，更要注意自己的谈吐，对于葡萄酒的话题也应该有所准备。

但我不是劝你有话没话都要扯上两句，如果你说的话题都是大家耳熟能详的事情，会让人觉得你很无知，但若是专挑别人不懂的深奥话题，就不容易引起大家的共鸣，会让大家觉得你在故弄玄虚。那么，究竟应该如何借用葡萄酒这一话题开展谈话，才会显得张弛有度呢？

┫ 成为达人的瞬间

想要在众多高手面前不丢脸，我推荐一个很有效的方法。首先，最好选择有些神秘、单宁酸较浓烈，且作为高级葡萄酒代表的法国葡萄酒。大家都知道出产高级葡萄酒的国家，所以选择法国的葡萄酒容易让人接受。其次，关键一步是介绍葡萄酒在法国的具体产地，注意，葡萄酒的产地最好是鲜为人知的地区。

"一起品尝一款口味浓烈的葡萄酒如何？"

"我喜欢浓烈的葡萄酒！"

"那就开一瓶法国葡萄酒吧！"

"说到法国葡萄酒，自然是梅多克地区出产的最具影响力……"

"哦，不是梅多克产区的葡萄酒，而是马德兰（Madiran）地区的葡萄酒……"

"马德兰？这我还是第一次听说……具体说说吧？"

大部分人提起法国葡萄酒，多半会用肯定的语气说出几个有代表性的地区，如哪里出产的酒比较好之类的话。如果你特立独行地说出马德兰这个名字，必定会让对方的话匣子瞬间关闭，然后用好奇的眼光审视你，这时，你就需要拿出杀手锏了。

"马德兰可是出产蒙图庄园（Chateau Montus）葡萄酒的地方啊！"

当你说出上述话语的时刻，你就瞬间变成了葡萄酒达人。

就在几年前，蒙图庄园还是一款鲜为人知的葡萄酒，但这款酒在最近几年开始受到国际圈内人士的一致好评，渐渐在韩国也有人开始关注。即便对方知道这款酒，但看到你能够说出来，一定在内心里将你当成行家了。若非顶尖的葡萄酒专家，一般的高手还是很少听过这款酒的。

蒙图庄园是法国马德兰地区出产的葡萄酒。这款葡萄酒的产地对于普通

蒙图庄园（Chateau Montus）

人来说较为陌生，人们一提起法国通常会立即想到波尔多或是勃艮第，阅历更加丰富的人也许还能说出卢瓦尔河、香槟区、罗讷河、普罗旺斯等产区，但也往往仅限于此。马德兰位于波尔多产区向南一点的地方，是法国西南葡萄酒产区（Sud-Ouest）的管辖区，距离波尔多大约 174 千米远，开车大约需要两个半小时。

西南葡萄酒产区在法国国内不算知名，其影响力远不及出产大量葡萄酒的朗格多克 - 鲁西永（Languedoc-Roussillon）产区，许多标注法国葡萄酒产区的地图上面，位于波尔多东南方的地块很多还是空白区，这些地区葡萄酒的生产量不及波尔多的十分之一。但在几年前，西南葡萄酒产区开始崭露头角，以马德拉为代表的产区逐渐受到认可，其中便包括后起之秀蒙图庄园葡萄酒。

蒙图庄园是由 80% 的塔娜（Tannat）葡萄加上 20% 的赤霞珠混酿而成。虽然大多数人对于塔娜这一葡萄品种十分陌生，但反应较快的人一定看出了塔娜与我们常说的单宁有关，单宁的法语名称是"tannin"，而"Tannat"就取自法语的单宁这个词。该葡萄品种是所有用来酿酒的葡萄品种中单宁含量最为丰富的品种，而马德兰地区种植的葡萄中，有53%是该品种。

也许你会觉得用这种单宁含量很高的葡萄酿制的葡萄酒，口感一定很涩，但事实并非如此。一款葡萄酒的口感若十分苦涩，一定是因为在酿造过程中没有好好处理葡萄，或是在酿造过程中没有细心加以照顾。从采摘到出货，若是整个过程都受到妥善的处理，那么一款酒的滋味就算再浓烈，喝到嘴里依然会很温和，细腻的口感丝毫不差，味道会很正宗，蒙图庄园就是这样一款很有内涵的酒。

此酒在普通商店的售价约为460元人民币，在酒吧则要卖到600元人民币左右，但要注意一点，就是区分蒙图庄园与蒙图庄园特酿之间的不同。很多

蒙图庄园葡萄酒（Chateau Montus）

人因为不懂两者的区别，所以常在酒吧闹出笑话，比如点了蒙图庄园，送来了蒙图庄园特酿，却全然不知。后者是选用100%的塔娜品种酿制而成，比起前者售价要高出两倍不止。蒙图庄园特酿的口感比前者要浓烈得多，且拥有很重的橡木香气，一般人还不大好接受，若想喝起来更顺滑，我建议还是从蒙图庄园开始尝试。

⊣ 真正成为高手的方法

有些葡萄品种以酿制口感浓烈的葡萄酒而闻名，但当你广泛品尝这类酒的时候，常常会产生一些疑惑。比如，赤霞珠是以上述特色而闻名，用100%的赤霞珠葡萄酿制的葡萄酒，有时品尝起来却比用100%的托斯卡纳

（Toscana）地区出产的桑娇维塞葡萄酿制的葡萄酒口感更加清淡。因此葡萄品种本身的味道很浓烈，并不代表酿制出的葡萄酒也一定拥有浓烈的口感。

　　蒙图庄园选用 80% 的塔娜葡萄酿制而成，而大多数波尔多葡萄酒选用的赤霞珠不会超过 60%，假设两者均经过平均水平以上的相同酿制过程，选用塔娜品种的葡萄酒就要比选用赤霞珠的口感更加浓烈。其实，但凡品质有所保证的葡萄酒，选用的葡萄品种口感越是浓烈，越要经过更长时间的熟成，只有经过充分的熟成，才能享受到经过发酵和陈年而发展出来的复杂酒香。

蒙图庄园特酿（Chateau Montus Prestige）

Wine Table
酒香与果香的差别

　　很过人都会混淆两者的概念。酒香（bouquet）是指葡萄酒在熟成与陈年的过程中发出的香气；而果香（aroma）是指葡萄本身的香气或是葡萄酒在酿造过程中产生的香气。所以说，我们从年份浅的葡萄酒中闻到的香气大多是果香，而不是酒香。具体来说，葡萄本身所散发的香气是"第一层香气"；在酿造过程中，通过控制发酵环境和材料所得到的香气是"第二层香气"；最后通过熟成的过程所得到的香气是"第三层香气"。比如，新鲜的果香和花香是第一层香气；巧克力、香草或烟香是第二层香气；松露蘑菇、风干无花果及坚果类的香气是第三层香气。

Vintage # 18

随意喝一杯时，选择阿斯蒂起泡酒（Asti）

与同事放松地喝一杯

一天，朋友打电话问我："宰亨啊，我和同事相处不好，总是闹别扭，该如何是好啊？"

若和周围人处不好关系，却要经常在一起，绝对是一种煎熬，尤其是大多数时间都要在一起工作的同事之间若产生矛盾，处理起来往往很棘手。所以，职场上的人际关系十分复杂，大部分人不会把同事当成是朋友，而只是业务合作伙伴。很多人并不在乎同事之间的关系是否需要处理得很好，但若是在别人不在乎的事情上，你能够更上心一些，往往更加容易成功。

⊣ 来一杯如何？

如果你跟同事闹了别扭，不妨主动示好，借着一杯葡萄酒，说一句"来一杯如何？"其实，通过喝酒能让心情放松下来，交流一些平时不愿交流的内容，敞开心扉沟通，你会发现原本有些讨厌的人也有他不为人知的优点。

这种时候需要的葡萄酒就是阿斯蒂起泡酒（Asti）。这是一款产自意大利的起泡酒，无论是价格还是品质都是上佳之选。

阿斯蒂是意大利北部皮尔蒙特地区的一处地名，是一个小村落。相传数百年前，人们在这里开垦葡萄园时，特别选择在入春后冬雪最先融化的地方种植葡萄树。也许是由于这个传统，这里出产的葡萄酒总是给人清爽的口感和晶莹剔透的色泽。在阿斯蒂生产的葡萄酒中，最著名的要数莫斯卡托甜白葡萄酒（Moscato d'Asti）和巴贝拉红葡萄酒（Barbera d'Asti）了。

⊣ 莫斯卡托甜白葡萄酒与阿斯蒂起泡酒

这两款葡萄酒的名称十分相近，有时连专家都会混淆。虽然两款葡萄酒都用的是莫斯卡托（Moscato Bianco，法语为 Musca Blanc）品种酿造，但具体来说，莫斯卡托甜白葡萄酒用的是完全成熟的优质葡萄，而阿斯蒂起泡酒则用的是选剩下的葡萄酿制。现如今，为了提升阿斯蒂葡萄酒的品质，许多酒庄开始采摘不同葡萄园所栽种的葡萄分别酿造两款阿斯蒂葡萄酒，所以说，在两者花费的工夫相等的情况下，很难说前者比后者品质更佳。法国香槟地区所栽种的霞多丽品种因为无法酿造其他葡萄酒，所以只能酿造香槟，这也是无奈之举。而一般的起泡酒含有越多的碳酸气体，说明使用的葡萄原材料也越酸。阿斯蒂起泡酒的碳酸气体含量是莫斯卡托甜白葡萄酒的 4 倍，也就是说选用的葡萄也更酸，但这并不意味着葡萄酒本身也会很酸。

阿斯蒂起泡酒（Asti）

┥ 你的选择是阿斯蒂起泡酒

你对面的同事也许是个餐餐都要喝上三四瓶烧酒的酒鬼，或者是一杯倒的菜鸟，喝点酒就想睡觉，无法开展对话。不要紧，阿斯蒂起泡酒可以克服上述两种极端情况，这是一款十分懂得适应人的酒。阿斯蒂起泡酒的酒精度介于 7 ~ 9.5 度之间，比 5.5 度的莫斯卡托甜白葡萄酒或 6.5 的巴贝拉红葡萄酒更容易让人产生醉意，并且碳酸气泡也会加速人的醉意，但口感却一点也不打折扣，不输给莫斯卡托甜白葡萄酒。事实上，阿斯蒂起泡酒所含有的糖分要比莫斯卡托甜白葡萄酒少很多，但因为前者的味道和香气更清淡，因此甜度反而会更加明显。

阿斯蒂起泡酒散发着一股悠悠的白花香气，就像甜美的星星在嘴里闪闪发亮，通过品酒，两个人会逐渐敞开心扉，坐在对面的人也会逐渐理解你。

阿斯蒂起泡酒的价格较为低廉，在一般商店的售价为 120 元人民币，在酒吧则会卖到 230 元人民币左右。这是一款物美价廉的酒，可以让你用最小的代价，最快拉近彼此间的距离。

就像其他以地名命名的葡萄酒一样，阿斯蒂起泡酒也是由当地的多家酒庄生产，所以口味会略有差别，但新手通常不会察觉。其实，大部分酒庄都是从隔壁村收购两家的葡萄来酿造阿斯蒂起泡酒，他们会把各种品质的葡萄混合在一起，所以酒庄之间没有特别明显的品质上的差别。在酒吧或餐厅点酒时，你也很难看到阿斯蒂起泡酒会分很多档次，如果遇到分档次的情况，你只管点最便宜的，准没错。

前面提及搭配韩国料理的葡萄酒时，我曾说过要在吃辣白菜火锅时配上阿斯蒂起泡酒。当你被热气腾腾的麻辣火锅刺激到嘴巴发麻时，不妨喝上一口冰凉的阿斯蒂起泡酒，会瞬间让你觉得人生无比幸福。

相亲时，选择皮里尼－蒙哈谢酒庄（Chateau de Puligny-Montrachet）的勃艮第红葡萄酒（Bourgogne）

留给对方美好的第一印象

"每当看见秋天的落叶就会想起你，也许是一起喝过的葡萄酒，让我对你念念不忘。"

　　勃艮第葡萄酒（Bourgogne）是葡萄酒爱好者们的圣品，无论是红葡萄酒领域还是白葡萄酒领域，顶级的葡萄酒产地就是勃艮第地区。罗曼尼·康帝（La Romanne-Conti）、拉·塔希（La Tache）、李其堡（Richebourg）、木西尼（Musigny）、蒙哈榭（Montracher）等动辄上万元人民币的顶级葡萄酒基本都是勃艮第产区出品，最低廉的勃艮第葡萄酒价格也要比其他产区的高出不少，基本款的勃艮第葡萄酒在普通商店的售价为 230 元人民币以上，在酒吧则要卖到 340 元人民币以上。沿着两大山脉形成的波尔多产区的葡萄酒在一般商店的售价为 60 元人民币左右，在酒吧则要 170 元人民币左右，选择的余地很广泛，这与波尔多的等级完全不在一个级别。而且波尔多的酒庄大多拥有很大的规模，葡萄种植园基本有十个足球场那么大，但勃艮第地区酒庄的种植园也就只有波尔多酒庄的百分之一左右，属于小面积精耕细作的类型。

　　电影《杯酒人生（Sideways）》有一幕场景，吴珊卓饰演的女主人公从
自己家的酒柜里想要挑一瓶李其堡以外的勃艮第葡萄酒来喝，殊不知，李其
堡已经是勃艮第葡萄酒中的顶级之一。李其堡也是一座葡萄种植园的名称，
面积大约有一个足球场那么大，但却被十家酒庄分割利用，分别生产自己的
葡萄酒，而唯有在这片田地生产出的葡萄酒才能冠以"李其堡"的名称。因
为产量十分有限，在商场一瓶的售价就要达到 5700 元人民币以上，真是瓶
瓶都会卖出天价。

┤ 酒杯中散发出玫瑰香

　　勃艮第葡萄酒的最大特点就是拥有无与伦比的玫瑰花香。在高脚杯里倒

上三分之一的葡萄酒，轻轻摇晃一下，将杯口凑近鼻子就会闻到一股淡雅而精致的玫瑰花香，多停留一会儿，玫瑰花香会越来越浓烈。其实，玫瑰花香是所有红葡萄酒都会具有的一种香气。如果你闻不到杯子中的玫瑰香，可以将喝完酒的杯子静置十分钟左右，然后再将杯口凑近鼻子，神奇的是，你会发现空杯子里竟然隐隐散发着美妙的玫瑰香。

顶级的勃艮第葡萄酒所散发的玫瑰香与其他红葡萄酒所散发的玫瑰香有着完全不同的水准。一般葡萄酒的玫瑰香都是酒体滑过喉咙时最为明显，感觉就像是闻到了邻居家花园里种植的玫瑰所散发的香气，隐隐约约但清新宜人。顶级的勃艮第葡萄酒所散发的玫瑰香却是那种聚集了顶级的玫瑰花，等到它们绽放到最娇艳欲滴时所散发的玫瑰香，越是顶级的勃艮第葡萄酒，散发出的玫瑰香就越纯粹，让你仿佛徜徉在玫瑰花海里。

勃艮第葡萄酒可谓是充分印证了"一分钱一分货"这一说法，价格高的勃艮第葡萄酒远比价格低廉的葡萄酒拥有更好的口感和香气。品质卓越的葡萄酒所拥有的口感和香气不仅更加纯粹，也会有丰富的层次。例如，价格在230元人民币左右的葡萄酒如果能够散发出半生不熟的草莓香，那么价格在800元人民币左右的葡萄酒不仅能散发出成熟的草莓香，还能散发刚好成熟的车厘子香以及秋天落叶的香气。如果价格在1400元人民币左右的葡萄酒，还能散发出无花果的清香以及皮革香气，但我在这里只是描述一种大致的感觉，并不是告诉你花哪个档次的价钱就一定会品尝到对应的味道。

虽然廉价但品质出众的葡萄酒很少见，但勃艮第葡萄酒中却有这种物美价廉的种类，这就是皮里尼-蒙哈谢酒庄（Chateau de Puligny-Montrachet）生产的基本款勃艮第黑皮诺干红（Bourgogne Pinot Noir），相比其价格，这款酒所拥有的口感和香气绝对会让你感觉物超所值。这款酒在商店的售价约为230元人民币左右，在酒吧则要卖到340元人民币左右。当你将酒倒进高脚杯中，用嘴接触杯口的瞬间，你会闻到只有在超过600元人民币的勃艮第葡萄酒中才能闻到的香气。这款酒会为你缓缓释放出成熟的玫瑰香以及饱满的红果香，而且还会带着一点秋天落叶的香气。品尝这款酒需要注意一点，尽管它的口感十分出众，香气富有层次，但不要因为这样而太过兴奋，以至于将酒倒在杯中放置过久，或者醒酒不当，从而让酒体渐渐失

勃艮第红葡萄酒

去层次丰富的口感，这是一款开瓶就要尽快喝完的葡萄酒。如果一次性往酒杯中倒太多酒也会减弱其口感和香气，因此每次少倒一点，但在最短的时间内喝光酒瓶里的酒，这样才能感受到新鲜纯美的香气。

┥ 适合与她共饮的葡萄酒

相亲时留给对方美好的第一印象至关重要，不能摆出一副凡事都想独断专行的态度，应该表现出足够的绅士风度，让对方产生下次还想见面的想法，想要进一步了解你，让彼此的感觉保持新鲜。

与她共饮这款酒时一定要注意，要在倒酒之前向对方说明这款酒所具有的独特香气，为对方介绍酒体将散发的玫瑰香、红果香以及秋天落叶的香气，并且进一步说明秋天落叶的香气是指干枯的树叶掉落在地上开始发酵时所散发的温暖味道。

即便相亲没有成功，未能一起牵手步入婚姻殿堂，但每到秋天落叶纷飞的季节，她一定会想起当初你的那份温柔。

"每当看见秋天的落叶就会想起你，也许是一起喝过的葡萄酒，让我对你念念不忘。"

Wine Table
相亲约会时必备的葡萄酒

　　当你给对方留下不错的第一印象，并且对方希望与你再次约会时，所选择的葡萄酒就要更加慎重一些了。我推荐你事先准备一瓶波玛村（Pommard）胡吉安（les Rugiens）葡萄园产的勃艮第葡萄酒。这款酒的玫瑰花香更加浓郁。生产波玛胡吉安葡萄酒的酒庄虽有多家，但要数爱蒙伯爵庄园（Domaine Comte Armand）生产的葡萄酒性价比最高，如果很难买到这家酒庄生产的葡萄酒，也可退而求其次，选择其他酒庄生产的波玛胡吉安。

Vintage # 20

求婚时，选择安第斯山白马（Cheval des Andes）

与众不同的约会

当你决定要与心爱的人携手共度一生时，你必须从心底做好一切准备，敢于为爱情牺牲自己，再也不能过自私的人生，如果你准备好了，就可以用一瓶安第斯山白马葡萄酒向爱人求婚了。

我在餐厅工作时，有一位老顾客经常光顾，但他隔一段时间就会换一个新女友。他与我年纪相仿，大约35岁，从着装到言谈举止都给人放荡不羁的感觉，是那种很有个性，不愿被任何事物束缚的人。可是有一天，他却独自一个人来到餐厅，并把我叫到身边，说是有事情拜托我帮忙。我以为他又恢复了单身，准备给下一位女友惊喜，没想到他却表示自己有了相守一生的对象，并且女友希望他在这间餐厅向她求婚。

我知道他口中的结婚对象，他之前也带着她来过几次餐厅。我所在的餐厅拥有不错的就餐环境，所以当他每次交了新女友，一定会来这里约会。虽然餐厅对他而言只是氛围不错的就餐场所，但对他的女友而言，我所在的这家餐厅却有着特别的意义，这是两人首次约会的场所。他向我表示，希望能够在这里给女友一个难忘的求婚回忆。他问我有什么好主意，能让女友感受到他的用心。

我问道："她有何魅力让你决定结束单身生活呢？"

"我一向不喜欢被束缚的生活，过去从来不敢想象自己也会步入婚姻生活。可是自从遇见她，我开始意识到自己不需要一个人漫步在人生路上，即便依然拥有一颗不愿被束缚的心，但我知道世间没有绝对的自由，与其孤单地过一辈子，不如听从心灵的召唤，找一个归宿。"

他说出这番话的时候显得如此害羞，我从他的口气中感觉到，即使像他这样无拘无束、身边总是有不同的女友相伴的人，内心也是不安定的。他说之前的感情都是短暂的风景，只有遇见现在的她，才是得到了真正的爱情滋润。最后，他希望我能够为他选择一瓶适合在求婚时喝的葡萄酒。

这无疑为我出了一道不小的难题。婚姻乃人生大事，执子之手与子偕老是一种多么高的境界，让我为他的求婚选择一款合适的葡萄酒，令我感觉肩上的责任十分"重大"，我生怕选择的葡萄酒不合二人的心意。如果不小心破坏了求婚的氛围，那可是要冒着拆散一对鸳鸯的风险啊！我静下心来，问问自己："如果是我向心仪的恋人求婚，会选择哪一款葡萄酒呢？"我想，一味选择味道醇厚的葡萄酒并不能代表婚姻的意义，应该选择一款可以代表婚姻的葡萄酒，婚姻生活并非都是一帆风顺，往往是幸福中透着心酸，甜蜜中夹杂着苦涩，于是我找到了答案。

⊣ 意在战胜生活中的坎坷

阿根廷的门多萨省（Mendoza）以出产高级葡萄酒而闻名，这里有一座名为安第斯之阶（Terrazas de los Andes）的酒庄，意思是"安第斯山脉的台阶"。如果俯瞰这座酒庄的地理位置就会明白，它确实是位于安第斯山脉的台阶上。有一年的晚春时节，我有幸造访了这座酒庄。当时，安第斯山脉的山顶上覆盖着皑皑白雪，云雾在山腰处缠绕，看到此景，我不禁感叹道："如果能够坐在山顶上喝一杯浓醇的红葡萄酒，欣赏云海在脚下翻滚的景象，该是多么享受啊！"

安第斯之阶酒庄是由世界顶级奢侈品集团酩悦·轩尼诗－路易·威登集团（Moët Hennessy-Louis Vuitton，LVMH集团）所投资，与法国波尔多地区最为著名的白马酒庄（Cheval Blanc）开展技术合作以来，生产的都是阿根廷最高品质的葡萄酒。白马酒庄所生产的葡萄酒比起我们所熟知的波尔多代表性的木桐酒庄（Chateau Mouton Rothschild）所生产的葡萄酒还要高级。电影《杯酒人生》中，也曾出现过白马酒庄生产的葡萄酒。电影描述了主人公与好友一起前往美国的纳帕谷挑选婚宴用的葡萄酒时，却遭遇了失恋的痛苦。主人公一边哭泣，一边在麦当劳将 1961 年产的白马酒庄葡萄酒倒进纸杯里混乱品尝的场面令人印象深刻，画面使观众感受到主人公正在经历着撕心裂肺的痛苦，对一切都失去了兴趣。

安第斯之阶酒庄种植葡萄的方式十分特别，整个酒庄位于安第斯山脉的山脚下，葡萄园从山脚下一直沿着山坡向上铺开，最低处的葡萄园与最高处的葡萄园高度相差 400 米以上。每 100 米的海拔差异就会导致 0.8℃的温度变化，这导致海拔最低的葡萄园与海拔最高的葡萄园的温差维持在 3℃左右。别小看这 3℃的差异，试想一下，当你置身于炎热的夏季时，温度从 31℃降至 28℃会有多大的差别，身体对这种温度差异一定会变得十分敏感。即使皮肤很厚的人也不能忽视这种温度变化，何况是薄薄的葡萄皮就更不能忽视温度的变化了，包裹在葡萄皮内的果肉会因这种温度差异产生相应的变化。因为温差的关系，沿着山坡，在不同的高度就会种植不同品种的葡萄。具体来说，在海拔 800 米的地方，种植皮厚且较晚成熟的品种，所以需要选择需要较高温度生长环境的西拉品种；海拔上升一些，在 980 米处就会种植皮厚但相比西拉要薄一些的赤霞珠品种，以此类推，分别向上种植小芒森（Petit Manseng）、马尔贝克（Malbec）、梅洛等，在海拔 1200 米处，则会种植相对耐寒的霞多丽（Chardonnay）品种。

安第斯之阶酒庄虽然生产种类繁多的葡萄酒，但最为著名的仍然是安第斯山白马（Cheval des Andes）。因为与白马酒庄（Cheval Blanc）开展技术合作的关系，所以使用了法语的"Cheval"一词，同时也使用了安第斯

白马酒庄葡萄酒（Cheval Blanc）

之阶酒庄的西班牙语表达方式 "des Andes"。"Cheval des Andes" 的另一层意思是 "安第斯山脉的种马"，其在商店的售价约为 850 元人民币，在酒吧则要卖到 1200 元人民币左右。

从山脚下仰望安第斯之阶酒庄的葡萄园，映入眼帘的是从山脚一直向着山顶铺展开的层次分明的葡萄园。如同我们的人生一样，一旦迈入婚姻殿堂，两个人就要开始漫长的婚姻生活。婚姻生活不会一帆风顺，期间难免遭遇各种波折，随着两个人更加深入的了解，未曾想到的矛盾也会增加。但如果两个人能够像安第斯山脉的葡萄园一样，不断战胜每个阶段的困难，一直努力，最后一定能从初识时的青涩走向白头偕老，就像翠绿的葡萄园最终也会通向山顶的皑皑白雪，两个人相伴相依就会铸就令人羡慕的爱情。当你决定要与心爱的人携手共度一生时，你必须从心底做好一切准备，敢于为爱情牺牲自己，再也不能过自私的人生，如果你准备好了，就可以用一瓶安第斯山白马葡萄酒来向爱人求婚了。

┤ 朴素的幸福

这位客人求婚的场面在我看来十分浪漫。没有华丽的布景和蛋糕，也没有小提琴伴奏，只有一瓶精心准备的葡萄酒，以及彼此的真心。他对她说出了这款葡萄酒的故事，然后向她发誓，自己追求的不只是看似甜蜜的生活，而是想要牵着她的手，无论遇到任何困难都不离不弃，相伴一生！我想，他已经打动了女友的心。

Wine Table
葡萄酒也浪漫

想要用葡萄酒制造浪漫，需要必备条件以及可选条件。

必备条件

1. 烛光：制造浪漫氛围，绝对不能少了烛光。隔着葡萄酒杯所看到的摇曳烛光，会令对方感到心神荡漾。

2. 亮丽的礼服：品尝葡萄酒，一定要穿着亮丽优雅的礼服，这也是尊重对方的表现。

3. 音乐：为使氛围更加温暖，一定要有音乐配合，就如同电影中所展示的那样。

可选条件

1. 水：如果周围有涓涓细流的水池则能增加浪漫的氛围。

2. 葡萄酒杯：优雅精致的葡萄酒杯是高级葡萄酒的绝佳搭配。当然，餐厅通常都会准备。

3. 甜言蜜语：对于爱人而言，爱的话语是怎么也听不够的。所以，如果想让感情升温，还是有所准备吧。

今晚喝什么
40种情境，
40款葡萄酒
选配圣经

PART 3

传 递 情 谊

我总是心系于你。

"凯隆世家庄园的主人即使拥有其他更好的酒庄，
却始终偏爱这一家，而我的心也一样，
始终心系于你。"

Vintage # 21

祝对方迈向成功时，选择罗伯特·蒙大维赤霞珠葡萄酒（Robert Mondavi，Cabernet Sauvignon）

为你送去成功

当你想祝福对方取得成功时，我推荐你送一瓶罗伯特·蒙大维所酿的葡萄酒。

"拥有梦想很容易，但将梦想变成现实则绝非易事。我坚信自己选择的方向是正确的，并且坚信沿着认定的道路走下去就一定会取得成功。为了实现梦想，无论将花费多少时间或金钱……没错，只要是认定的事情，我就会疯狂追逐、疯狂努力。如果你想更上一层楼，你就要追求完美，并且培养追求完美的热情。有志者，事竟成。反之，将一事无成。"

——罗伯特·蒙大维（摘自《葡萄酒达人——罗伯特·蒙大维》一书）

罗伯特·蒙大维在葡萄酒界是一位极富传奇色彩的人物。他在葡萄酒领域的地位，不亚于比尔·盖茨在电脑科技领域的地位，可见其对于葡萄酒发展的贡献有多大。他于 20 世纪 60 年代在纳帕谷创建了自己的酒庄，开始酿造葡萄酒。他凭借自己的努力，将当时毫无名气的美国加州葡萄酒产区在最短的时间内打造成了国际知名的葡萄酒产区。从种植葡萄树到灌装葡萄酒

罗伯特·蒙大维
（Robert Mondavi）

至少需要15年的时间，可他仅仅用了30年左右的时间就让加州成为了生产高级葡萄酒的地方，其效率之高，令人惊讶。他在纳帕谷率先尝试了低温发酵的技术，并且使用不锈钢酒槽和法国产的小尺寸橡木桶，他还与美国太空总署合作，运用大气影像技术，动态观察葡萄园的状态，凡此种种，开创了许多革命性的新技术。他是绝对的实干派，有了想法就敢于付诸实践，靠着不懈的努力提升了加州葡萄酒的品质形象，起到了功不可没的作用。他还将长相思（Sauvignon Blanc）品种取名为白芙美（Fume Blanc），通过更名帮助这种有硝烟味的葡萄品种所酿造的葡萄酒打开了销路，并且提高了它的价值。但相比以上贡献，他所具有的最宝贵品质是不吝与他人分享自己所掌握的技术以及研究成果。他喜欢与美国的其他葡萄酒从业者开展交流，为推动美国葡萄酒产业的发展和壮大做出了不可磨灭的贡献。

但对于波尔多地区的葡萄酒从业者来说，对于罗伯特·蒙大维却褒贬不一。虽然人们大多认可他兢兢业业投身于葡萄酒事业的精神，但却视他所创建的"葡萄酒世界（Mondovino）"这家跨国集团为魔鬼的化身。因为这种大型集团的出现，严重压榨了小规模生产商的生存空间，从而将他作为典型的剥削者看待。还有一些人批评他只是在模仿波尔多葡萄酒，只学到了皮毛，并不懂得葡萄酒的精髓，贬低他为葡萄酒发展所做的贡献。

⊣ 法比安的错觉

一次，我在波尔多与朋友们一起举办了一场葡萄酒试饮会。其中，有一位出席者是我就读波尔多大学期间结识的朋友，名叫法比安（Fabien）。他

在葡萄酒试饮学这门课上取得了第二名的好成绩，是一位葡萄酒专业的高材
生。大学期间，我经常与他一起用盲品（blind-tasting）的方式品尝葡萄酒，
每次进行盲品时，他都能以敏锐的嗅觉和味觉，准确无误地猜出酒名。他总
喜欢向我夸赞波尔多葡萄酒如何如何天下第一，自己如何如何情有独钟。于
是乎，他对于罗伯特·蒙大维及其葡萄酒就没什么好印象。就是在这次试饮
会上，我将一款作品一号（Opus One）[1]和波尔多葡萄酒放在一起让大家盲
品。试饮的结果出人意料，大家一致认为前者就是波尔多梅多克产区出产的
顶级葡萄酒。当我出示两款的原包装时，大家才知道这是一款美国出产的葡
萄酒，纷纷露出惊讶的表情。特别是法比安，当时他一脸惊愕的样子，依然
历历在目。他那表情就像是在说："美国的葡萄酒酿造技术竟然已经达到了
这种境界？"最终，我只听见他低着头弱弱地说了一句："我早说了嘛，美
国也有好葡萄酒……"

---

①作品一号（Opus One）是罗伯特·蒙大维与法国的木桐酒庄(Mouton Rothschild)
　开展技术合作，在加州纳帕谷生产的一款高级葡萄酒。在商店的价格约为 2400 元
　人民币，在酒吧则要卖到 3000 元人民币左右的高价。

┫ 祝你成功

春节期间，人与人见面通常都会祝对方在新的一年里好运相伴、事业有成。但是事业有成，光有好运相伴是远远不够的。要想取得成功，必须有所付出，要敢于将梦想变成现实；要想取得大成功，还必须具备罗伯特·蒙大维身上那种坚韧不拔的超强毅力以及持之以恒的热情。

当你想祝福对方取得成功时，我推荐你送一瓶罗伯特·蒙大维所酿造的葡萄酒。罗伯特·蒙大维在最短的时间内酿造出了贴有自己标签的葡萄酒，并将自己的葡萄酒品牌打造成了高级葡萄酒的代名词，扬名世界。当你送出这款酒的同时，一定要告诉对方这款酒的来历，讲述蒙大维取得成功背后所付出的艰辛，我想这件礼物一定意义非凡。

在罗伯特·蒙大维的酒庄里，出产白芙美、霞多丽、黑皮诺、梅洛、赤霞珠等多个品种酿造的不同款葡萄酒，但最为知名的还要数赤霞珠酿造的葡萄酒。赤霞珠葡萄酒在商店的售价为 400 元人民币左右，在酒吧则要卖到 500 元人民币。但记得一点，不要随便购买印有"珍藏（Reserve）"字样的罗伯特·蒙大维赤霞珠葡萄酒，这可是要比普通版贵上五倍左右的价钱哦。罗伯特·蒙大维的赤霞珠葡萄酒保留了波尔多葡萄酒的精髓，口感和香气都异常扎实，入口以后回味无穷，令人印象深刻。当你的朋友准备高升或开一家自己的公司，准备大展宏图时，不妨送上一瓶罗伯特·蒙大维的赤霞珠葡萄酒，预祝对方踏上成功之路！

罗伯特·蒙大维赤霞珠葡萄酒〔Robert Mondavi, Cabernet Sauvignon〕

Vintage # 22

情侣的特别纪念日，送凯隆世家庄园葡萄酒（Chateau Calon Segur）

我总是心系于你

"凯隆世家庄园的主人即使拥有其他更好的酒庄，却始终偏爱这一家，而我的心也一样，始终心系于你。"

"我在拉菲庄园（Chateau Lafite Rothschild）和拉图庄园（Chateau Latour）都酿造葡萄酒，我但始终心系凯隆世家庄园（Chateau Calon Segur）。"

凯隆世家庄园葡萄酒因西格尔侯爵的这句话而声名鹊起。被称为"葡萄酒王子"的尼古拉-亚历山大·德·西格尔侯爵（Nicolas-Alexandre de Ségur）拥有波亚克村产区（Pauillac）的三家一级酒庄，分别是拉菲庄园（Chateau Lafite Rothschild）、拉图庄园（Chateau Latour）、木桐酒庄（Chateau Mouton Rothschild）。同时，他在圣埃斯泰夫（Saint-Estephe）产区还分别拥有一家二级酒庄佩兹庄园

凯隆世家庄园葡萄酒
（Chateau Calon Segur）

（Chateau de Pez）和一家三级酒庄凯隆世家庄园。凯隆世家庄园位于横穿波尔多河流左侧的梅多克地区，具体位于梅多克最上方的圣埃斯泰夫产区。酒庄所在的地区位置靠北，气候相对较为凉爽。通常来讲，气候凉爽地区出产的葡萄酒味道往往不是很浓，但此地所产的葡萄酒却有着很强的陈年潜力。我想，西格尔侯爵之所以偏爱凯隆世家庄园的原因就在于如此恶劣的地理环境也能产出如此醇美的好酒的缘故吧。这款酒后来成为了情人节的首选礼物，在欧美地区十分流行。这是唯一一款在酒标上绘上心形图案的酒。由于有一个美丽的心形图案，据说在日本有很多恋人用这款酒来表达爱意。

┥ 波尔多遇见她

曾经也有一位女孩用这瓶酒向我传达过爱意，地点选在了波尔多的某家餐厅。这家餐厅拥有无与伦比的就餐氛围，食物也是一绝，在当地十分有名。在波尔多，随处可见 18 世纪的建筑物，街道也都十分古老，因此每次找路我都要找大半天。那日，我在狭窄的街道里穿梭了好一阵子，比约定的时间晚到了 20 分钟左右。由于没有在预订的时间到达，餐厅通知我已经将座位让给了其他客人。于是我们又等了 20 分钟左右，比我们晚到的情侣都找到了位子，但始终没有人招呼我们。又过去了 10 分钟，我实在受不了了，便询问服务生为何不给我们安排座位，可服务生好像要故意惩罚我们似的，说因为我们迟到，座位已经让给了其他人，现在没有安排我们的座位，让我们去其他餐厅。我对服务生的态度十分不满意，立刻火冒三丈，跟对方争执起来。这时，经理出来协调问题，他表示有一处员工用的空间，可以安排位子给我们。

我想继续争辩，可身旁的她迅速接受了经理的提议。

"今天是好日子，不要生气了！"

听她这么说，我才意识到之前只顾自己宣泄情绪，没有顾忌到她的感受。餐厅经理一面连连道歉，一面拿出了这款带有心形图案的酒给我们。她指着酒瓶上的心形图案说道："这是给情人喝的葡萄酒哦，我们也一起喝一杯吧！"

凯隆世家庄园葡萄酒给人一种浪漫的幻想，感觉仿佛是在聚光灯下与爱人一起走在好莱坞星光大道上。这款酒拥有扎实的口感，味道柔和，入口的瞬间便将我的怒火压了下去，让我的心情平静下来。情侣一起品尝这款酒，就像是两人坐在贵宾包厢里欣赏歌剧一样，给人至高无上的享受，带给人极大的满足感。

"凯隆世家庄园的主人即使拥有其他更好的酒庄，却始终偏爱这一座，而我的心也一样，始终心系于你。"

她的告白令我陶醉于浪漫氛围中。

后来我才知道，她提前跟餐厅预订了这瓶酒。知道她如此精心准备以后，更加深了我对她的爱意。我似乎真正理解了西格尔侯爵的心情。

Wine Table
不要死记硬背法国葡萄酒的等级

　　法国葡萄酒的等级十分复杂，虽然它拥有一套系统的分类方法，但对于消费者而言，确实是增加了很多困扰。如果你真想记住具体的等级，你就要从法国的小地名开始记，如果想更细致一点，就连葡萄园的具体名称也要记住。我建议你不要试图一次性记住所有的等级，你只需要记住眼下你正在喝的葡萄酒的等级就够了。随喝随记，喝一瓶记一瓶，你会在不经意间就记住很多具体的地名，随着时间的积累，你也可以拥有俯瞰整个葡萄酒世界的眼界。如果开始就想盲目记住所有的等级，往往会让你对葡萄酒失去兴趣。

Vintage # 23

结婚礼物，选择西西里赛格丽特红葡萄酒（La Segreta Rosso）

祝你们百年好合

"祝你们能够像西西里赛格丽特红葡萄酒一样，懂得包容对方，时刻为对方着想。祝你们在以后的婚姻道路上，共同创造如同西西里岛的阳光一样甜蜜美满的生活！"

在我即将结束四年葡萄酒求学之旅时，最后一站我选择去了意大利旅行。此行的主要目的不是去意大利的西南部地区，尽管那里有几处地区专门生产高级葡萄酒，我的计划是去意大利东南部的普利亚（Puglia）地区以及南部的西西里岛。

其实，我也很想去以生产优质白葡萄酒而文明的撒丁岛，但若是将此放入计划中，就不得不放弃参观普利亚地区。由于去往两座岛的船，几乎是两天才有一班，所以要各自花去两天的时间，十分紧张。犹豫再三，我实在是想去参观长满百年树龄的老橡木的普利亚地区，索性就放弃了撒丁岛之旅。

为了尽可能多参观一些地方，我给自己的旅行定下了一个原则，就是不能参观酒庄。我怕在酒庄逗留太久会无法完成我的旅行计划。但我对于葡萄酒的喜欢实在难以抑制，每每看到葡萄酒商店，我就会忘记原则，不由自主地走进去参观。我每次吃饭的时候从来不喝水，而是喝葡萄酒。在普利亚地区，我喝到的传统土法葡萄酒不仅拥有纯粹的口感，而且味道清爽，入喉特

西西里赛格丽特红葡萄酒
（La Segreta Rosso）

别顺滑。在西西里岛喝到的葡萄酒则特别香浓，就像在嘴里不停翻滚一样刺激着我的味觉。

西西里岛的普莱尼塔酒庄（Planeta）

西西里岛是欧洲最大的单独岛屿，也是大量出产葡萄酒的地区。而普莱尼塔酒庄则是在当地十分出名的一座酒庄。在西西里岛，最著名的葡萄品种是黑达沃拉（Nero d'Avola），西西里岛出产的大多数红葡萄酒都是选用这一品种酿造。说起地区与特色葡萄品种，乃至国家与特色葡萄品种之间的关系时，我们会得出一个十分有意思的结论：无论是某个国家还是某个地区，似乎注定会有某种特色葡萄品种与当地的生长环境完美结合，并生产出富有当地特色的葡萄酒。

在西西里岛，一款用黑达沃拉酿造的葡萄酒，即便其品质再差，放到国际上也称得上是中等水平。如果选用100% 的黑达沃拉品种酿造葡萄酒，酒体的口感就会偏清淡。所以，选用50% 的黑达沃拉品种，再混入能让口感变得更加浓郁的梅洛、西拉、品丽珠（Cabernet Franc）等三种葡萄酒，在普莱尼塔酒庄就酿成了西西里赛格丽特红葡萄酒。这款葡萄酒在商店的售价约为170元人民币，在酒吧或餐厅的售价约为300元人民币，属于价格相对低廉的葡萄酒。梅洛、西拉、品丽珠的浓郁口感，搭配黑达沃拉的清新口感，会让整个味道更加均衡，入喉也更加顺口。与我同在一家餐厅工作的朋友就曾说过："向客人推荐这款酒，一定没错！"

口感能够实现刚中带柔的葡萄酒自然适合搭配各类食物。西西里赛格丽特红葡萄酒可以搭配各类肉食，让食材的美味与醇美的酒香达到完美的融合。味道比较香浓的烤牛排、韩式烤肉等烧烤类料理特别适合搭配这款酒；而味道比较清淡的烤五花肉、炸鸡等肉类食物也很适合搭配这款味道适中的葡萄酒。能用一瓶价格较为低廉的葡萄酒"通吃"各种料理，这样极具性价比的葡萄酒确实不多见。

性格随和开朗的人很少与人结怨，处理人际关系较为轻松，容易让人产生好感；同样，一款"性格"随和的葡萄酒也很讨各类美食的"喜欢"，适合像我们这样的大众品尝。

⊣ 结婚礼物的首选

"祝你们能够像西西里赛格丽特红葡萄酒一样，懂得包容对方，时刻为对方着想。祝你们在以后的婚姻道路上，共同创造如同西西里岛的阳光一样甜蜜美满的生活！"

西西里赛格丽特红葡萄酒就是一款特别容易搭配的葡萄酒，因此送给新婚夫妇是再合适不过的礼物了。即便你选择了十分昂贵的礼物，可礼物中没有饱含任何感情，没有特别的意义，只是例行公事一样送给对方，我想对方很难记住你的心意，那么礼物将黯然失色。婚姻是两个拥有不同生活背景的人相识相爱，共组家庭的过程。虽然开始阶段会爱得火热，不顾其他，可随着时间流逝，彼此间的差异会慢慢显露出来，大大小小的摩擦也在所难免。因此，彼此间一定要有一颗包容对方的心！"比他人更加能够包容和理解你"，就是这款酒教给新人的婚姻圣经！

Vintage＃24

祝贺乔迁之喜，选择卡西特罗勃朗峰起泡酒（Castillo de Montblanc）

最好的乔迁之礼

喝这款酒就如同置身于白色山峰上的城堡，仰望着繁星点点的夜空，看着星星们一颗颗进入自己的嘴里跳跃，最后，祝福新家的主人也能拥有星光灿烂的前程。

去参加朋友的乔迁之喜时，常会烦恼该送些什么特别的礼物。送礼的最好效果，当然是送的人有心，收的人开心。

送一瓶洋酒怎样？是不是比生活用品之类的东西更有档次？但要注意，档次归档次，如果使用不当，只会取得适得其反的效果。祝贺对方乔迁之喜时，送红葡萄酒就显得有些格格不入。这就好比大家在炎热的夏季相约去海边狂欢，你却穿着一身西装赴约一样。庆祝乔迁之喜的场合应该是洋溢着轻松愉快的氛围，不能让人感觉太过刻板，所以准备能够让大家放松心情、活跃气氛的酒才对。

┫ 为你送上闪亮的星星

这时，我推荐你送一瓶西班牙产的卡西特罗勃朗峰起泡酒（Castillo de

Montblanc），这是一款西班牙起泡酒（Cava），前面介绍香
槟的时候提到过。西班牙生产的起泡酒都被称为"Cava"。
西班牙起泡酒虽然价格较为低廉，但能让你享受到起泡酒的
清爽口感，不过这类酒大都有一点微苦的后味。但凡事都有
例外，卡西特罗勃朗峰起泡酒就是一款既能让你享受到清爽
的口感，却又不会感受到苦涩后味的起泡酒。祝福搬入新居
的朋友日后能够一帆风顺时，选择这款轻松无负担的起泡酒
非常合适。

卡西特罗勃朗峰起
泡酒（Castillo de
Montblanc）

　　起泡酒会产生很多小气泡，入口给人感觉含下了很多
"会蹦跳的星星"。其实喝着清爽愉悦的起泡酒，就如同是在
凉爽的夜晚一起看繁星点点一样惬意。祝贺好友乔迁之喜，何不将这些让人
心情愉悦的"星星"送与对方呢？

　　送酒的同时，请别忘说一句："起泡酒常被人称作是星星酒，我摘了夜
空中最闪亮的一颗星送给你，希望你日后的生活能够像星星一样闪闪发亮、
熠熠生辉！"更为重要的是，这款酒的售价也很低廉，在商店的售价约为
120元人民币，在酒吧的售价也不过170元人民币。

　　"Castillo de Montblanc"是西班牙语与法语的组合单词。"Castillo"
在西班牙语里是"城堡"的意思；而"de"的意思相当于汉语的"的"；
"Montblanc"则是法国的著名山峰勃朗峰，原意是"白色之山"，因为勃朗
峰的顶端常年积着白雪，万年不化，所以得名。"Castillo de Montblanc"直
译就是"位于白色之山的城堡"。

　　当你了解这款酒的酒名所具有的特别含义以后，是否更想将它当作乔迁
之礼呢？送酒的时候别忘了告诉新家的主人，喝这款酒就如同置身于白色山
峰上的城堡，仰望着繁星点点的夜空，看着星星们一颗颗进入自己的嘴里跳
跃。最后，祝福新家的主人也能拥有星光灿烂的前程就更加完美了。

Wine Table
瓶中二次发酵与桶中二次发酵的区别

　　香槟几乎都是采用传统的瓶中二次发酵（second fermentation in bottle）工艺酿造，而其他起泡酒则大都采取桶中二次发酵（second fermentation in tank）的方式酿造。前者的成本较高，管理困难，但获得的口感却较为丰富和细腻。后者管理相对容易，成本低廉，口感与香气较为单纯和清爽。其实，两种方式各有优缺点。讲究口感和管理技术的高级香槟通常都会坚持传统的瓶中二次发酵法，而价格大众化的起泡酒则会使用成本低廉的桶中二次发酵法，口感也不错。

Vintage # 25

孩子降临时，选择好年份的高级葡萄酒

孩子出生两年后，再买葡萄酒

选择好酒只能说成功了一半，如何存放也很重要。为子女储藏的葡萄酒，通常要放 20 年以上的时间，如果有专业的葡萄酒冰箱固然完美，否则在一般的高层公寓里是很难长期保存葡萄酒的。

欧洲人都有一个习俗，特别是在法国，当孩子出生时，父母通常会购买葡萄酒来收藏，少则几瓶，多则十几箱。他们会将买来的葡萄酒放在地下室储藏，等到孩子举行成人礼或者结婚生子时再拿出来庆祝，这是欧洲人由来已久的传统。父母可以通过葡萄酒表达对子女的爱意，所以说是非常有深意的礼物。特别是站在子女的立场上，当他们长大成人后，发现父母为了自己日后成家立业早早就用心准备了礼物，会有多么开心啊！日后，子女还可能用珍贵的葡萄酒来招待亲朋好友，看到凝聚着父母养育之情的葡萄酒，心情一定十分感动。

⊣ 挑选葡萄酒的方法

当然，精心为子女挑选具有珍藏价值的葡萄酒绝非易事。这可不是到家附近的超市买几瓶佐餐酒敷衍了事就可以的。

玛歌酒庄（Chateau Margaux）、木桐酒庄（Chateau Mouton Rothschild）、欧颂酒庄（Chateau Ausone）

　　首先，葡萄酒本身要能够经得起 20 年以上的存放。现代人的结婚年龄普遍较晚，所以最好挑选储存 30 年以上也不会变质的葡萄酒。经过 30 年的岁月洗礼，也能保持醇厚口感的葡萄酒屈指可数，难得一见。

　　其次，考虑到葡萄酒在日后可能登场的场合往往是在家庭宴会上，比如成年礼、婚礼、生子宴等纪念日，因此，至少要买一箱（12 瓶）才够备用。首选是欧洲地区出产的顶级葡萄酒，其次是美洲、澳大利亚等地区生产的葡萄酒，价格控制在单瓶 1200 元人民币以上的高级葡萄酒为佳。比如法国波尔多列级庄园（Grand Cru）一级酒庄或二级酒庄（玛歌酒庄、帕玛酒庄等）出产的好年份酒，或者是意大利超级托斯卡纳葡萄酒，如西施佳雅（Sassicaia），抑或是美国或智利等地区出产的至尊珍藏级（Premium）葡萄酒（作品一号、蒙特斯欧法 M 葡萄酒、阿玛维瓦红葡萄酒等），以上都是不错的选择。

　　通常，葡萄酒的价格越贵，保存时间越长久。高价葡萄酒之所以会带给你非凡的体验，是因为这种酒在酿制过程中，选用了顶级的葡萄、材料和人力等资源。坚持高品质酿造工艺的葡萄酒，就如同能工巧匠耗时费力精心打磨的瓷器，经得起时间的历练，越久越有价值。高级葡萄酒在经过 20 年乃至 30 年的熟成过程以后，会自然散发出醇厚且优雅的味道，这是花多少钱都无法买到的感觉。通常，红葡萄酒的熟成期要比白葡萄酒更加长久，所以选择长期存放的葡萄酒，最好选择红葡萄酒。

　　若是留待日后举行大规模的庆祝活动，就要购买一些比上述推荐款更加

便宜的葡萄酒了。首选大致要有个预算标准，然后根据预算
选择葡萄酒。比如，预算为6000元人民币，参加活动的人数
200人左右，那么假设每位客人都要倒一杯，一瓶酒大概可
以倒6杯，因此至少需要34瓶葡萄酒。6000元人民币除以
34，得出的每瓶葡萄酒预期价格应该控制在176元人民币左右。可是这样一
来，貌似买不到顶级的葡萄酒，但还要坚持可以长期存放的原则，因此，这
时我建议你选择单宁较多、味道浓郁且酸味适中的葡萄酒，这样的葡萄酒也
可以存放很久。比如芭比布鲁斯科干红葡萄酒（Brusco dei Barbi），这种葡
萄酒存放二三十年之后，即便谈不上口感多么出众，但也是值得一尝的葡萄
酒。

芭比布鲁斯科干红葡萄
酒（Brusco dei Barbi）

选择好酒只能说成功了一半，如何存放也很重要。为子女储藏的葡萄
酒，通常要放20年以上的时间，如果有专业的葡萄酒冰箱固然完美，否则
在一般的高层公寓里是很难长期保存葡萄酒的。近几年十分流行一款可以存
放8瓶左右葡萄酒的小型葡萄酒冰箱，价格较为低廉，可以尝试购买。这种
冰箱不仅能够长期保存葡萄酒，用于短期储藏随时饮用的葡萄酒也是不错的
选择。当然，如果父母住在乡下，且有地下室或地窖之类的设施，存放在那
里就更加省钱了。存放之前，应用保鲜膜层层包裹酒瓶，一年内至少替换一
两次保鲜膜外衣。如果不做这样的处理，等到二三十年后再拿出来时就会发
现酒标已经烂得看不清了。

另外，如果在子女出生的当年就入手葡萄酒，这种葡萄酒应该不会是同
年酿造，也就是说，不是与孩子同岁。葡萄采摘以后到酿制完成，最后灌装
售卖，一般需要两年时间。葡萄酒酒标上标示的往往是灌装年份，不是葡萄
采摘的年份。所以要想买到与孩子同岁的葡萄酒，至少要买两年以后的葡萄
酒，这样才会同步。

为子女准备葡萄酒礼物是一件颇费心力的事情，不过，想到孩子日后开
瓶时的喜悦心情，父母的付出就是值得的。

Wine Table
购买葡萄酒时必须确认年份
（vintage）

　　为了日后举办家族活动而购买一箱葡萄酒时，如果是好年份的葡萄酒，即便等级低一些也值得入手。比如，不用非得追求波尔多列级庄园（Grand Cru）一级酒庄或二级酒庄出产的酒，购买蒙图庄园（Chateau Montus）或智利天鹰座酒庄（Altair）的酒也可以。如果葡萄酒的年份不好，则一定要购买高价葡萄酒。如果葡萄酒的年份实在太差，那么即便是购买天价的葡萄酒，也很难充分施展口感与香气，存放二三十年也只是空想罢了。

Vintage # 26

为朋友庆生时，选择精选葡萄酒（Gentil）

为对方送上一份惬意

这款酒是选用这一地区长期栽培的传统名贵品种贵腐葡萄等数种葡萄品种混酿而成。每个葡萄品种都有自己的特色，将不同的品种混酿时，经过严谨的工艺，可以将每个品种不好的部分剔除，同时将最优秀的部分保留下来，经过重组就可以酿造出口感顺滑且平衡的葡萄酒。

在学习葡萄酒这门学问的过程中，我走访了许多地方，最常光顾的地方就是法国的大小城镇。通常，一个国家的首都都会给人十分繁忙的印象，巴黎也是如此。但除了巴黎，法国给我的整体印象却是"轻松而自在"。在法国自驾旅行时，即使在小村镇也会时常遇到堵车的情况，当你从车窗探出头想要一探究竟时，往往会发现是最前面的某辆车为了问路而停在了路中央，从而导致后方车辆排起了长龙。但法国人不会为此而生气或疯狂鸣笛，他们通常都会一直等下去，直到最前方的车开走。

法国人这种轻松自在的性格也体现在晚餐时间。法国人的一日三餐并非都是慢吞吞享用，他们平时吃饭也会很赶时间，不会特意放慢节奏。可是到了周末晚上，当他们招待亲朋好友时，就会带着轻松的心情慢慢享用一顿传统法餐。这时的菜品将是一整套的套餐，通常整个用餐过程会上很多道菜，菜与菜端上桌的间隔时间很长，所以整个用餐时间也会耗时漫长。人们会利用这一漫长的时光谈天说地，痛快聊天。

精选葡萄酒（Gentil）

　　我最初受邀参加法国家庭的传统聚餐时，为了坚持到最后一刻不离席，导致身体十分疲倦。他们可以从晚上七点一直吃到凌晨三四点，拉这么长的战线还不产生困意，恐怕常人也很难做到。

　　当你参加法国人的聚餐时，通常主人会准备餐前点心和简单的葡萄酒或鸡尾酒，先到的客人们往往会端着酒杯一边聊天一边等其他人到齐。当主人邀请你七点钟到他家时，你不能擅自提前到，这是不礼貌的表现。在法国，有一种叫做"一刻钟"的习俗，就是要比约定的时间晚到十五分钟，这才是有礼貌的表现。法国人的晚餐通常分为前菜、主菜、甜点三个部分。主菜分两种，一种是海鲜，另一种是肉类。在主菜与甜点之间会吃起司，而在甜点部分会吃蛋糕或布丁等，最后是咖啡或白兰地等甜点酒，大致是按照这一顺序出餐。除了饮用咖啡或甜点酒以外的时间，几乎都在喝葡萄酒，葡萄酒会贯穿整个用餐过程，始终让你沉浸在法国人所特有的轻松自在的氛围中。

法式的惬意

　　精选（Gentil）混酿葡萄酒代表着法式的惬意。"gentil"是英文"gentle"的意思，指口味温柔而淡雅的葡萄酒，是法国阿尔萨斯地区长久以来颇具盛名的传统美酒。这款酒是选用这一地区长期栽培的传统名贵品种贵腐葡萄（noble grapes）等数种葡萄品种混酿而成。每个葡萄品种都有自己的特色，将不同的品种混酿时，经过严谨的工艺，可以将每个品种不好的部分剔除，同时将最优秀的部分保留下来，经过重组就可以酿造出口感顺滑且平衡的葡萄酒。

　　精选葡萄酒选用了五种葡萄品种进行混酿，这些葡萄品种各具特色，如琼瑶浆（Gewurztraminer）辛香味浓郁；灰皮诺（Pinot Gris）则是葡萄酒的主味；雷司令可以让味道更加细腻；麝香葡萄（Muscat）可以散发出浓郁的青葡萄香气；西万尼（Sylvaner）可以让口感更加清爽，这五种葡萄紧密配合，调制出完美的口感。比起那些使用单一葡萄品种的酒，精选葡萄酒可能太过复杂而失去了一些个性，但精选葡萄酒这种混酿葡萄酒的特色就是突出的平衡感，就好比是娇羞的新娘或是很绅士的新郎。精选葡萄酒可以搭配很多种类的海鲜料理，搭配范围不拘一格，可以很宽泛。

　　所以说，精选葡萄酒用来当作生日礼物是再适合不过的葡萄酒。用不同葡萄品种互相调和出的均衡口感，加上 Gentil 这一名字本身所具有的特殊含义，可以凸显你的一片心意，即祝福寿星在日后的人生道路上也可以发展得更加平衡，在拥有个性的基础上变得更加成熟。这款酒在普通商店的售价约为 120 元人民币，在酒吧则要卖到 170 元人民币左右，相对来讲算是消费得起的葡萄酒。

Vintage # 27

节日送礼时，选择子爵堡酒庄苏特罗葡萄酒（Castelneau de Suduiraut）

比起送水果，更加有新意

子爵堡酒庄苏特罗葡萄酒有着普通苏玳白葡萄酒难以企及的清爽口感，而且甜味不会特别强烈。因为是二军酒，所以价格要比其他苏玳甜白葡萄酒低许多。

大多数人每逢佳节走亲访友时，总喜欢选择水果礼盒之类的物品送礼，也许是因为很少有人讨厌吃水果的缘故，所以才选择较为实用的水果礼盒。但送的人多了，水果就会在家中积压很多，最后吃不了便只能任其烂掉，实在是缺乏一些新意。

每次和父母一起走亲访友，提着重重的水果篮子的任务就会落到我的身上，到了亲友家后我通常都要将礼盒堆在已经堆积如山的礼盒上，我真心觉得送水果就是锦上添花、多此一举而已。

虽然送礼是为了表达对他人的感激之情，但我们却越来越注重形式，而不关注礼物所承载的意义。在国外生活期间，我也学到了很多外国人的待人处世之道，有很多其实是很有借鉴意义的，比方说选择礼物时尤其看重礼物本身所承载的含义。西方人在选择礼物时，往往会从对方的需求出发，挑选较为有意义的物品当作礼物，而不会关注礼物是否贵重，是否有物质价值。总之，送礼的过程是要让送礼者和收礼者都感到幸福和满足。所以，我建议大家不妨用葡萄酒代替水果礼盒，说不定会有意想不到的惊喜！如果选择的葡萄酒拥有和水果一样的香甜口感，对方一定容易接受，这样的葡萄酒就是很好的礼物。

⊣ 酒中贵妇——贵腐甜酒

说到甜白葡萄酒，很容易想起贵腐甜酒。但 375 毫升装的贵腐甜酒的售价高达 570 元人民币以上，价格着实不菲。苏玳（Sauternes）是位于法国波尔多地区南部河流沿岸的葡萄酒产区。波尔多南部生产很多口感浓烈且带有甜味的葡萄酒，其中最出名的要数苏玳与巴萨克（Barsac）的贵腐甜酒。巴萨克所产的贵腐甜酒也可以冠上苏玳的名称，也就是说巴萨克地区包含在苏玳地区里，在这一地区生产葡萄酒的酒庄可以随意使用巴萨克或苏玳的名称。大部分酒庄都会在酒标上使用巴萨克的名称，而只有品质稍微差一些的才会使用苏玳的名称，但在市场上，苏玳已经代表着高级和昂贵，但凡是贵腐甜酒就意味着高水准，所以有很多人也开始放弃鲜为人知的巴萨克，转为使用苏玳这个名称。

无论是巴萨克还是苏玳，两者价格均不菲。但这两种葡萄酒会卖出如此高价自有其道理。"Barsac"和"Sauterne"都被称为是贵腐酒，这里所说的贵腐是一种霉菌，贵腐酒就是选用被贵腐霉感染而腐败的葡萄酿制而成的葡萄酒。酿造贵腐酒必须选用被贵腐霉感染的葡萄，讲到这里，大家可能在脑海中勾画出了很多恶心的画面。但这种霉菌确实是非常高贵的菌类，只有在特定的环境下，葡萄才能受到贵腐霉的感染。前面提到过，苏玳是位于波尔多南部河流沿岸的葡萄酒出产地，这一地区的位置较为特殊，霉菌容易滋生在葡萄植株上，形成了得天独厚的天然感染温床。这里的葡萄田位于河畔上，日夜温差较大，往河边倾泻而下的低矮斜坡在清晨容易受到雾气笼罩，而太阳升上来后又会受到阳光的充分照射。该地区形成了独特的气候带，专业领域形容为微气候（micro climate）。苏玳地区的微气候早晚变化强烈，潮湿的空气有利于贵腐霉滋生。通过这些霉菌的作用，可以酿造出像贵腐甜

酒这样的甜白葡萄酒。同时，这些霉菌也可以滋生在酿造红葡萄酒用的葡萄品种上，但滋生在这种葡萄上的霉菌却会让葡萄发出腐臭味，因此不适宜用来酿酒，需摘除长有贵腐霉的葡萄才能酿造。贵腐霉只有滋生在酿造甜白葡萄酒的葡萄植株上才能被称作是真正的贵腐霉菌。所以，在葡萄种植区就形成了十分有趣的现象，苏玳附近的葡萄种植区同样是酿葡萄酒，但这些地方却生怕霉菌长在葡萄上，而苏玳地区的酒庄却使尽浑身解数想要让霉菌光顾自己的葡萄园，两者对于贵腐霉截然相反的态度让人忍俊不禁。

当贵腐霉感染葡萄以后，细长的菌丝就会穿透葡萄皮进入果肉吸收内部的水分，同时将霉菌自带的独特香味注入果肉中。经过这一脱水过程，葡萄会变得更加甘甜，就如同勾兑蜂蜜水时少放水而多放了蜂蜜一样。贵腐甜白葡萄酒只挑选几乎变成葡萄干的贵腐葡萄酿造，而且采摘过程必须由人工完成，所以葡萄酒的产量有限，而且人工费用很高。借用苏玳地区最有名的酒庄滴金酒庄（Chateau d'Yquem）的话来形容贵腐甜白葡萄酒的来之不易最有代表性，"一株葡萄树顶多酿造一杯葡萄酒而已"。

由于苏玳的甜白葡萄酒口感甘甜，因此适应起来很容易。而且原料是含糖量很高的葡萄，因此与莫斯卡托阿斯蒂甜白葡萄酒（Moscato d'Asti）及布拉凯托达魁甜白葡萄酒（Brachetto d'Acqui）相比，在酒精含量方面也要略高。但即便是昂贵的苏玳甜白葡萄酒也并不见得都好喝，在酿造过程中虽然可以保留很多甜味，但也不能让酸味损失得太多，否则过甜的葡萄酒喝久了就会感觉很腻。如果将普通葡萄酒的甜味值设定为1，酸味值也应该是持平的1的水平，这样才能维持口感的平衡。苏玳甜白葡萄酒的含糖量比较高，可以说是达到了10的水平，那么酸度也应该是10，这样才能算作是平衡的好酒。但实际情况下，能够始终保持这一平衡水准的葡萄酒很难找，即使有这种酒，其价格也必定不菲。这时，可以考虑口碑不错的二军酒（second wine）。

┤ 子爵堡酒庄苏特罗就是不错的选择

　　子爵堡酒庄苏特罗（Castelneau de Suduiraut）是苏玳一级酒庄苏特罗酒庄产的二军酒。生产二军酒时，有些酒庄是以品质较差的葡萄园种植的葡萄来酿造，但大多数情况都是使用在酿造过程中被认定为品质较差的原液来酿造二军酒。所以，二军酒的酿造过程与正牌葡萄酒的过程相差无几，一样细致认真。这款酒有着普通苏玳白葡萄酒难以企及的清爽口感，而且甜味不会特别强烈。因为是二军酒，所以价格要比其他苏玳甜白葡萄酒低许多，在普通商店的售价在460元人民币左右，在酒吧则要卖到570元人民币左右。

子爵堡酒庄苏特罗葡萄酒（Castelneau de Suduiraut）

　　子爵堡酒庄苏特罗葡萄酒不仅受年轻人追捧，老年人也特别适合饮用。逢年过节时，如果买不到合适的礼物给老人，不如就送一瓶子爵堡酒庄苏特罗葡萄酒。这款酒的酒精含量刚刚好，老爷爷喝点不会上头，而甜甜的味道又很吸引人，老奶奶也一定会爱上这款酒。

Vintage # 28

入学与毕业，选择恒星干红葡萄酒（Sideral）

庆祝站上新起点

　　恒星时并不是我们平时看手表所确认的绝对时间值，恒星时是依靠星星的移动与位置计算出来的相对时间概念。正因如此，恒星干红葡萄酒很适合作为入学礼物或毕业礼物，能够充分彰显其价值。

　　很多时候，品尝一款葡萄酒时，会感觉像是在喝一瓶"没有准备好"的葡萄酒。这种葡萄酒刚触及你的舌头就会产生不够柔顺和顺滑的感觉，给你一种强烈的粗糙感，说得更严重一些，会让整个舌头产生麻木的感觉，这就是所谓的"没有准备好"的葡萄酒。你不妨在下一次品尝葡萄酒时留意一下舌头传递给你的感觉。

　　葡萄酒给人粗糙的口感通常有以下两种原因：一种情况是葡萄酒太过廉价，所以就算放置很长时间，单宁也不会变得柔和，于是产生涩涩的口感；另一种情况是单宁的品质很好，但在瓶内的熟成时间不够，也会产生涩涩的口感。越是好的葡萄酒，单宁越不容易变得柔和，起始口感也更涩，要想让口感变得顺滑，必须储藏很长时间，短则五年，长则十五年，甚至放置几十年也是可能的。

　　越是好的葡萄酒，涩味维持的时间也越久，要想酒体完全熟成，需要长时间的储藏。然而，为了喝到一瓶好的葡萄酒，我们不可能动不动就等上几

十年，让酒彻底熟成。对于生产者而言，必须不断卖出产品才能再生产，也只有卖出产品才能保证收益；而对于消费者而言，希望尽可能喝到熟成的葡萄酒，但是高级葡萄酒虽说是放置的时间越久熟成度越高，但身价也会随之涨高。因此，为了解决这一矛盾，有些酒庄便生产一些较为容易熟成的葡萄酒，品质上虽然比高级葡萄酒低一些，但因其熟成快，价格也较为低廉，而且还拥有不错的口感，已经没有苦涩的味道了。

┤ 用宇宙时间作为礼物

智利产的葡萄酒中，我们较为熟悉的应该是蒙特斯酒庄生产的蒙特斯欧法 M 干红葡萄酒（Montes Alpha M）与阿玛维瓦（Almaviva），此外，还有其他酒庄也出产许多形态类似但拥有一定风格的优质葡萄酒，其中就包括接下来要介绍的牛郎星酒庄（Altair）。牛郎星酒庄生产的高级葡萄酒也叫牛郎星，指天鹰座的 α 星。这款酒的品质虽不及蒙特斯欧法 M 干红葡萄酒与阿玛维瓦，但也属优等，因此新酒喝起来口感也很粗糙，需要长时间的熟成过程，这里所说的长时间是指至少要储藏五年以上。

高级酒庄通常都会生产二军酒，牛郎星酒庄也不例外，这里生产的二军酒叫做恒星干红葡萄酒（Sideral）。恒星时是根据地球自转的速度计算位置的基准，也是以南极星与北极星为基准测定的宇宙时间。概而言之，是以星星的移动与位置计算时间的基准，属天文学术语。

恒星时并不是我们平时看手表所确认的绝对时间值，恒星时是依靠星星的移动与位置计算出来的相对时间概念。正因如此，恒星干红葡萄酒很适合作为入学礼物或毕业礼物，能够充分彰显其价值。考上大学或毕业都是人生的重要起点，因此，当你站在全新的起点感觉茫然或找不到人生方向时，特别需要一颗明亮的"星"指引你的人生。也许这颗星是某个人，也许是某个

牛郎星酒庄（Altair）

事件，当对方站在入学或毕业的起点上时，通过送这款酒预祝对方的未来能够遇到指引人生的那颗星，是不是很有意义？

第一次品尝恒星干红葡萄酒时，着实给人眼前一亮的感觉。起先，我对生产这款酒的酒庄不大熟悉，所以对它的二军酒也不抱期望，但喝到第一口的时候我就感受到了非常平衡的单宁酸，柔和的口感非常舒服。

即使开瓶马上就喝也不会感觉苦涩，简直同熟透的柿子一样柔和，同时也不会感觉味道太轻或层次不够。开瓶的一瞬间，你就会感觉到慢慢四溢的香气，这是一款"时刻准备好"的成熟葡萄酒，可以随时随地为你奉献精致的口感和柔和的单宁。

牛郎星与恒星时都保有波尔多葡萄酒的形态，在普通商店的售价在 460 元人民币左右，在酒吧则要卖到 570 元人民币左右。虽然价格不算便宜，但在祝贺亲友考上大学或顺利毕业时，花上一笔还是值得的。若觉得负担太重，也可以与其他好友一起合买。在有特殊意义的日子，一定要送上这款拥有高品质口感与特别意义的葡萄酒，虽然要破费一些，你却能收获对方发自内心的幸福。

Vintage # 29

对方退休时，选择伊斯卡葡萄酒（Iscay）

表达对您的尊重

"iscay"源于印加语，意思是"两个"。据说，之所以取印加语的名字，是因为酒厂对古代印加文明充满敬意。

我在波尔多时，所结交的关系最好的一对夫妇叫盖伊和米歇尔。我是在波尔多法语联盟学校读书时认识他们的，那时，盖伊刚刚退休，来到学校当义工没多久。学校每个月都会举行一次在校生与校外人士参加的小型派对，盖伊就在这些场合帮忙做些事情。我虽然称他为好友，但他其实已经年近花甲了，可我与他聊天时丝毫感觉不出年龄的差距。我从内心里将他视作长辈一样去尊敬，不过我俩一旦打开话匣子，聊到激动时偶尔也会互相拍拍对方肩膀，开开玩笑，是名副其实的忘年交。

那时，我来到法国还不到一个月时间，法语表达能力很差，费九牛二虎之力才能勉强说出想要表达的意思，但盖伊总是耐着性子听我讲完，丝毫没有反感的意思。一般的法国人可没有他这样的好性子，通常看我说不出什么意思，扭头就走了。作为学生，当然是想和那些外语比自己更好的人聊天，以提高语言能力，大家都是来法国学习语言的，总是希望能够多学一点，哪怕是多记一个句子也好。盖伊不在乎对方法语说得好不好，却总是流露出想要了解对方国家文化的好奇心，希望增进彼此间感情。当时，我的法语水平

伊斯卡葡萄酒（Iscay）

实在太差，参加派对时只能找一些认识的同班同学聊聊天。就在我感到十分尴尬时，结识盖伊简直成了上天给我的福音。他不会在意我结结巴巴表达出的蹩脚语句，相反他很乐意耐心听我讲话，在见了几次面以后，他就邀请我去他们家共进晚餐了。后来，我和盖伊及其夫人米歇尔变得越来越熟络。一次，我受邀到他们家做客，结果，没想到那天聚会的人超过了二十人，其中，不到五十岁的只有我一个。

┥ 退休的意义

与盖伊熟识以后，我找机会问了他一个问题："盖伊，退休之后不会觉得无聊吗？你不想找个什么工作去做吗？"

他十分惊讶地回答我："怎么会无聊呢？我等退休这一天等了很久了，从现在开始的时间都是我自己的时间，我可以按照自己的想法去过人生，为何还要去工作？"

"可原本的生活节奏很忙碌，但现在突然放松下来不会觉得不适应吗？"

"这怎么可能？我将院子里的碎石小路重新整修了，庭院也要重新装饰和修剪，仓库也要重新整理……退休之后我变得更加忙碌了，比起工作时更加忙碌。我夏天还要带米歇尔去度假，她现在也是盼着退休呢。一旦她也正式退休，我们二人就会有大把的时间去旅行了。"

由此可见，欧美人对待退休是怎样一种心态。盖伊退休以后，看起来过得更加忙碌了。他将门口的玄关整修了一遍，并且将院子里的花花草草重新修剪了一遍。落满灰尘的仓库也在他的精心整理下焕然一新。还有家里年久失修的地板也被他重新翻新了。我要是白天打电话找他，总能听到家里发出各种机器加工材料的声音，我问他在做什么，他也总是回答我说："我在院子里忙着呢！"

⊣ 致以崇高敬意

　　选择退休礼物要格外慎重。虽然入学礼物、毕业礼物、生日礼物或是乔迁之礼也很重要，但这些礼物一生中往往会收到很多次，但退休礼物一生只能收到一次而已。当你苦恼于选择什么样的退休礼物时，不妨换个立场想一想，如果是自己退休，会希望得到什么样的礼物呢？我在退休时，首先希望得到同事们的肯定，对一个人一生的工作而言，批评与奖励都不能让人印象深刻，只有发自内心的肯定以及对你的认可才是最值得珍惜和回味的。当一个人结束自己的工作生涯时，内心里一定是希望周围人给自己一个积极的评价。

　　如果退休礼物是一款葡萄酒，我希望在退休聚餐上收到的葡萄酒是伊斯卡（Iscay），这是一款能够表达敬意的葡萄酒。伊斯卡是由两家著名的葡萄酒制造商各自贡献出一款酒混合酿制而成的，"Iscay"源于印加语，意思是"两个"。据说，之所以取印加语的名字，是因为酒厂对古代印加文明充满敬意。这款葡萄酒由梅洛葡萄酒和马尔贝克葡萄酒各占一半混酿而成，是由阿根廷最大的葡萄酒厂商翠帝酒庄（Trapiche）所生产。

伊斯卡葡萄酒的价格同苏玳（Sauterne）葡萄酒的价格差不多，在普通商场要卖到 460 元人民币左右，在酒吧则要 570 元人民币左右。这款酒的口感正统且柔中带点微微的酸，喝了会给人十分舒畅和惬意的感觉。这款酒的整体口感稳重，但又带点轻松惬意的微酸，十分符合退休者的心态。而且，从酒名中可以看出生产者对于印加文明的敬意，这也代表了送酒人对于德高望重者发自内心的尊重。

所以，选择这款酒可以充分表达送酒人对于退休者的敬意。如果觉得价格偏高，也可以与他人合买赠送。让我们一起品尝这款酒，不仅是对灿烂的印加文明致以敬意，而且也是对奉献一生终于光荣退休的人致以敬意！

今晚喝什么
40种情境，
40款葡萄酒
选配圣经

PART 4

分 享 心 情

自己所知道的一切并不代表全部。
一瓶好的葡萄酒是可以不分时间、地点和场合，与任何人
一起开怀畅饮的。如果你身边有一位长时间被你
遗忘的贴心人，不妨与他一起分享吧！

Vintage # 30

与酒量差的朋友一起时，选择布拉凯多达魁甜红起泡酒（Brachetto d'Acqui）

那天晚上，他自己喝光了一瓶

与其花上数千元人民币喝一款完全形容不出味道的烈性酒，倒不如花上120～170元人民币喝一款让人心情舒畅的葡萄酒，这才是品尝葡萄酒最原始的快乐。

我有一位同学，外号"一杯倒"，在所有好友里，就属他对我因痴迷葡萄酒而放弃工作跑去国外学习这件事最有意见。

"你去学习葡萄酒，将来要做什么啊？葡萄酒有那么大魅力吗？居然为了这个跑去国外？"

然而，奇妙的是，我第一次尝酒全托这位朋友的福。还在留平头的初中时代，已经进入青春期的少男少女都急着长大成人，在这样还有些懵懂的年代，我们的好奇心都特别强。结果，是他兴高采烈地说家里有好酒，让我去他家里品尝，我们为此还颇为周密地计划了一番。趁着他家里没人的时候，我们踮着脚尖偷偷潜入厨房，小心翼翼地打开橱柜，拿出了家藏的美酒，为了不留下证据，连杯子都不敢用，而是用瓶盖斟酒偷喝，小口小口品尝味道。记得那是一款人参酒，我很喜欢整个舌头浸在发甜的人参滋味中的感觉。我们尝下第一口就迷上了美酒的味道，之后又接连喝了几瓶盖。我们兴奋地看着对方，彼此的眼神就像在告诉对方"你已经长大了"一样。

布拉凯多达魁甜红起泡酒
（Brachetto d'Acqui）

也许从那天起，我俩的人生轨迹就被设计好了。我一路追逐着美酒的香气和味道，最终踏入了葡萄酒的世界；而他则彻底认清自己与酒无缘。当时，我们只是用瓶盖小酌了几杯而已，可他却一整天拉肚子，不停跑去厕所。如今回想起来，他喝完酒总是满脸通红，这可能跟我们年纪小有关，也有可能是他身体内的酒精分解酶比常人少的缘故。

他听说我为了学习葡萄酒而准备出国时，特意跑来找我问个究竟。那天，他带着他的漂亮女友来到我当侍酒师的餐厅，并且让我推荐一款适合他与女友慢慢品尝的葡萄酒。我想到他喝一杯就会满脸通红、痛苦不堪的样子，决定推荐一款叫做布拉凯多达魁甜红起泡酒（Brachetto d'Acqui）。这款酒的口感同莫斯卡托甜白葡萄酒（Moscato d'Asti）很像，但散发的味道却不是金合欢花的百花香味，而是像成熟的樱桃一样，发出单纯而直接的红果香味。

⊣ 心情好最重要

布拉凯多达魁甜红起泡酒的酒体呈玫瑰色，所以这种酒也被称为玫瑰红葡萄酒。同样是玫瑰红葡萄酒，有的酒呈现布拉凯多达魁甜红起泡酒一样的深红色，而有的酒却呈现出粉红色。令葡萄酒呈现出红色色泽是因为葡萄表皮所渗透出的色素，如果色素的含量高，就成了红葡萄酒，如果没有这一色素，就成了白葡萄酒。布拉凯多达魁甜红起泡酒中的色素成分适中，所以酒体就成了色彩艳丽的玫瑰红色。

品尝葡萄酒的酒杯十分考究，要注意酒杯的形状，但在喝布拉凯多达魁甜红起泡酒时，酒杯形状的重要性更加突出。布拉凯多达魁甜红起泡酒的樱桃香味特别强烈，所以选择酒杯时，杯身最好比香槟杯略宽、比白葡萄酒杯略窄，呈现出与玫瑰花瓣一样的曲线。这样一来，既可以闻到玫瑰红葡萄酒香甜的味道，又能让鼻子感受到少量气泡散发出来的清凉感。同时，用这样的杯子盛酒，会让酒体的玫瑰红色达到最佳状态。

　　这款酒的酒精含量大约只有 6%，相当于普通葡萄酒的一半度数。这款酒的味道甜美，而且还有冰凉的气泡从酒体中发散出来，喝起来很是爽口，常被誉为"女人最喜欢的酒"，但男人也会爱上它。有些男人在喝了布拉凯多达魁甜红起泡酒以后，常常会发出这样的声音，"这不是葡萄酒吧？分明是饮料嘛！"其实，葡萄酒原本就是让人心情愉悦的饮料，喝过之后让人心情愉悦、回味悠长就算完成了它的使命，何必追求那么多华而不实的感觉呢？与其花上数千元人民币喝一款完全形容不出味道的烈性酒，倒不如花上120～170元人民币喝一款让人心情舒畅的葡萄酒，这才是品尝葡萄酒最原始的快乐。

　　也许是参加工作以后应酬增多，酒量见长，也可能是这款酒的酒精含量本来就不高的缘故，那天朋友和他的女友居然喝光了一整瓶布拉凯多达魁甜红起泡酒。他的脸颊微微泛红，但心情愉悦地对我说好像找到了最适合自己的葡萄酒，他不再与我探讨该不该出国的问题，而是满意地离开了。看到他心情愉悦的背影，我也深感欣慰，我仿佛听到了他从内心对我发出的祝福，"现在我终于知道你为何这般沉迷于葡萄酒了，加油！"

Wine Table
酒杯里的学问

　　当你品尝葡萄酒达到一定境界时，你就会自然而然地关心起关于葡萄酒杯的学问了。简单来说，葡萄酒杯的选择与葡萄酒的特点有着密不可分的关系。比如，勃艮第葡萄酒的口感优雅而且层次丰富，香气会缓慢释放，所以葡萄酒杯的杯身应该宽一些。相反，波尔多葡萄酒的口感浓烈而且强有力，所以葡萄酒杯的杯身应该窄一些，就像郁金香花朵的形状。白葡萄酒比红葡萄酒口感更加细腻，所以即使酒杯形状相同，但个头却比红葡萄酒酒杯要小。至于香槟，其口感比白葡萄酒还要细腻和脆弱，而且伴有很刺激的碳酸气泡，所以为了令柔弱的口感更加有力，会使用线条十分纤细的酒杯。

Vintage # 31

炸弹葡萄酒 I

请记住品尝葡萄酒的顺序

葡萄酒喝酒的顺序也很有学问。有些人问我："我听说先喝白葡萄酒，再喝红葡萄酒容易醉，是吗？"其实，重点不是先喝白葡萄酒还是红葡萄酒的问题，而是要关注酒本身的浓烈程度。但也有一些例外的情况……

"奇怪啊，我喝其他酒都没事，为什么单单喝葡萄酒就会醉呢？"

有些客人偶尔会向我如此反映。即使是喝同样的量，昨天还好好的，可今天却略带醉意。遇到这种情况时，喝酒者通常都会将原因归结为当日的精神或身体状态欠佳。有些人喝酒精度数较高的烧酒反而不容易醉，但喝两杯葡萄酒就头晕的不行，这种人便会将自己归类为"天生喝烧酒的体质"。这时，我通常都会对客人说："葡萄酒的酒精成分不高，所以喝起来应该很顺口。前一刻还很清醒，可往往不知不觉间就喝多了。葡萄酒毕竟也是酒，只要是酒，都会让人醉的。"

虽然我也无法准确找到客人醉的原因，但我觉得这跟客人当日的身体状况以及养成的饮酒习惯有关。甚至，也有可能是第一次品尝葡萄酒给客人留下了太过深刻的记忆，导致客人只要一闻到葡萄酒的香味就已经醉了。

┤ 葡萄酒也是酒

有过醉酒经历，或是在朋友面前因醉酒而出过丑的朋友，往往事后都会对酒敬而远之。这是因为人类对于不好的记忆会有天生的抵触情绪，一旦认为某个事物有害，就会对自己发出警告，杜绝再犯同样的错误。但在很多人的观念中，葡萄酒只是一种带酒精的饮料而已，所以往往不会将它同醉酒联系到一起，但你还是要小心，葡萄酒毕竟也是酒。

因此，第一次品尝葡萄酒一定不要过量，一旦因葡萄酒而醉酒，从而产生不好的记忆，日后恐怕就很难爱上葡萄酒了。

这时，你需要掌握正确品尝葡萄酒的顺序，这对于形成愉快的品酒记忆至关重要。通常，我们喝酒时会从浓烈的酒开始喝，然后逐次喝相对不浓烈的酒。比如，吃饭时喝烧酒，之后换地方去啤酒屋喝口感"清爽"的啤酒，当作是解油腻，其实，像这样先喝浓烈的酒再喝相对不浓烈的酒反而容易醉。

葡萄酒也是一样的道理，喝酒的顺序也很有学问。有些人问我："我听说先喝白葡萄酒，再喝红葡萄酒容易醉，是吗？"其实，重点不是先喝白葡萄酒还是红葡萄酒的问题，而是要关注酒本身的浓烈程度。但也有一些例外，比如先喝没有气泡的普通葡萄酒再喝起泡酒反而更容易醉。

⊣ 喝葡萄酒的顺序

喝葡萄酒要讲究顺序。若在就餐时喝葡萄酒，开始的顺序应该是起泡酒，然后依次是白葡萄酒、红葡萄酒，接着在餐后喝甜酒，最后为了助消化喝点干邑（Cognac）之类的白兰地浓酒，依照这样的顺序饮用较为合理。起泡酒不一定非要在餐前喝，如果是布拉凯多达魁甜红起泡酒（Brachetto d'Acqui）、莫斯卡托甜白葡萄酒（Moscato d'Asti），或是阿斯蒂（Asti）类的起泡酒，可以和甜点一起品尝。再有，诸如香槟或是西班牙卡瓦（Cava）起泡酒、德国塞克特（Sekt）起泡酒、意大利全起泡酒（Spumante）等，可以在用餐之后、上甜点之前饮用，或者干脆放在甜点之后饮用。

如果是搭配几样下酒菜饮用葡萄酒，那么请记住以下几个喝葡萄酒的顺序原则。首先，最重要的原则是先喝酒体轻型葡萄酒，然后再喝酒体丰满型葡萄酒。也就是说，先喝香气与口感较清淡的葡萄酒，然后再喝香气与口感较为浓烈的葡萄酒。用甜味来衡量，则先喝甜味淡的葡萄酒，再喝甜味浓的葡萄酒。如果是以单宁来衡量，就要先喝单宁顺滑的轻型酒，然后再喝单宁浓烈的浓酒。

其次，先喝年轻的葡萄酒，然后再喝成熟的葡萄酒。酿造时间不长的葡萄酒拥有单纯的香气与口感，但经过一段时间陈酿的葡萄酒就会拥有丰富而浓郁的香气，口感的层次也会变得复杂。年轻时，单宁略显苦涩，但随着时间的累积，成熟度越高的葡萄酒，口感也会变得更加顺滑。

最后，先喝白葡萄酒，再喝红葡萄酒。通常，白葡萄酒的香气清爽且口感轻淡，相反，红葡萄酒的香气浓郁且口感厚重。这跟颜色无关，而是纯粹的香气与口感之间的差异。应该先喝口感较单纯的白葡萄酒，然后再品尝香气与口感较为复杂的红葡萄酒，循序渐进地细细品尝葡萄酒的各种滋味，按照这种顺序品酒较为愉悦。如果先喝红葡萄酒，那么浓烈的单宁成分还没有在嘴里消失，马上就喝白葡萄酒就会给人索然无味的感觉，很难品尝出白葡萄酒的细腻味道。

Vintage # 32

炸弹葡萄酒 II

混酿酒的秘密

法国波尔多葡萄酒可以说是混酿葡萄酒的代名词。波尔多将葡萄酒制造工艺进行了近代化改良，是开创高级葡萄酒的鼻祖。

韩式炸弹酒通常是指将啤酒、威士忌以及烧酒混合在一起，有时也会加入运动饮料或是葡萄酒，其实并没有严格的定义，可以添加任何饮料。有些葡萄酒要是与其他酒混合在一起饮用，会给人十分不适的口感。但我要是告诉你，葡萄酒其实是炸弹酒的起源，恐怕你不会相信吧？

实际上，葡萄酒从某种角度上讲，就是炸弹酒。因为，我们所喝的葡萄酒大部分是混合多种葡萄品种所酿成的。除了法国的勃艮第葡萄酒以及意大利皮埃蒙特（Piedmont）地区的巴罗洛（Barolo）、巴巴罗斯柯（Barbaresco）葡萄酒，我们所喝的葡萄酒大部分是经过混合的葡萄酒。即便酒标上只标注了赤霞珠或梅洛等单一葡萄品种，但大部分也都多少（10% ～ 30%）混合了其他品种，以弥补单一品种的缺陷。当然，葡萄酒的混合方式与炸弹酒完全是两个概念，酒桌上调制的炸弹酒是要在最短时间内灌醉对方，但酒庄所酿造的葡萄酒却是一种提升葡萄酒口感的酿酒工艺。

┤ 混酿与波尔多葡萄酒

法国波尔多葡萄酒可以说是混酿葡萄酒的代名词。波尔多将葡萄酒制造工艺进行了近代化改良，是开创高级葡萄酒的鼻祖。在波尔多将葡萄酒制造工艺进行近代化改良以前，葡萄酒就如同今天的啤酒，是一种口感清淡的饮料，必须趁新鲜时尽快饮用。但波尔多地区一些颇具规模的酒庄，为了探索生产出品质更加出众的葡萄酒，开始将葡萄品种分门别类进行管理和发酵，待葡萄原液成熟以后开创出混合酿造法，在装瓶之前调制出各种想要的独特口味。

在混酿的过程中，酿酒师、葡萄酒专家、酒庄主人会一起研制出酿造的黄金组合比例。以最佳比例调配成的葡萄酒被称为 Grand Vin① （意为"伟

---

①需要注意一点，标有"Grand Vin"字样的葡萄酒并不一定是知名酒庄生产的优良葡萄酒。"Grand Vin"的字面意思是"伟大的葡萄酒（great wine）"，但在生产高级葡萄酒的酒庄之间，该字样与"一军酒（first wine）"字样是通用的。所以一些档次较低的酒庄认为自己的葡萄酒很出色，于是随意在自己的酒上标注"Grand Vin"也未尝不可。同样，如果你认为生产二军酒（second wine）的酒庄也一定会生产一军酒（即"Grand Vin"），就大错特错了。事实上，大部分知名的酒庄确实会同时生产一军酒和二军酒，但很多不靠谱的酒庄也会效仿高级酒庄的做法，在自己的葡萄酒上标注"Grand Vin"与"second wine"等字样，甚至还会生产"三军酒（third wine）"。

大的葡萄酒"，英文是"first wine"），这种酒的价格不菲。相比 Grand Vin 品质稍差，没有经过混酿或者调配比例不够理想的葡萄酒则酿成 Second Vin（二军酒，意思是第二档次的葡萄酒，英文称"second wine"）进行售卖，价格比 Grand Vin 要低一些。至于连第二等级也达不到的葡萄酒则会使用其他名称或只使用一般地区的名称，这种葡萄酒的价格较低廉。通常，知名酒庄十分看重自己的品牌价值，挂名生产的酒最多也只生产到二军酒为止，其他原液都会卖给葡萄酒中介，或者以一般地区名代替酒庄名称出售。

　　每种品种个别发酵，并且各自装入橡木桶，经过陈酿后在装瓶之前以黄金比例进行调配，从而得到完美的口感。但每年的外部气候环境等因素都会产生一些变化，所以一款酒的某些特定的葡萄品种所占比例要经过一些微调，因此，不要试图去死记硬背一款酒的葡萄品种比例。你只需要去了解酒庄所使用的主要葡萄品种以及次要葡萄品种等信息就足够了。

┥ 混酿的秘方

　　一些规模较大的酒庄，通常管理着数百乃至数千个橡木桶，每个橡木桶里的葡萄酒味道都有些差别。这么复杂的葡萄酒该如何进行混酿呢？一款葡萄酒要想达到装瓶的标准，需要经过无数次的试饮或试吃。当葡萄开始成熟的时候，葡萄酒试吃专家就会每隔一个星期去一趟葡萄园试吃葡萄的口味。酒精发酵以后刚刚酿造的葡萄酒需要经过严格的内部试饮程序，而且还会邀请外部的葡萄酒试饮专家进行品质评测。最后，在橡木桶里熟成的过程中，同样需要请内外部的专家进行试饮，并且将整个酿造和熟成过程中收集的数据进行整理，作为混酿的参考，只有经过如此严格的测试才能酿造出一款品质出色的葡萄酒。

　　在波尔多，关于混酿葡萄酒有严格的规定，规定每款葡萄酒至少需要混合两种以上的葡萄品种，但最多不能超过五种。葡萄酒酒庄进行混酿是为了让自家的葡萄酒呈现出更加完美的口感，具体进行混合的比例是不对外公开

今晚喝什么
40种情境，
40款葡萄酒
选配圣经

的秘方。因为有了混酿的技术，葡萄酒的味道变得更加丰富，提升了葡萄酒
的魅力，让许多葡萄酒爱好者沉迷在葡萄酒多姿多彩的世界里，无法自拔。

Vintage ＃ 33

炸弹葡萄酒 Ⅲ

鲜为人知的炸弹葡萄酒调制法

　　炸弹葡萄酒，俗称"德拉库拉酒"，制法如下：在普通的酒杯里倒入红葡萄酒以后，将一小杯威士忌倒进去混合即可。喝的时候，从嘴角边流下来的红色调制酒就像吸完血的吸血鬼，所以得名德拉库拉酒。

加入苹果汽水制作的苏打
红葡萄酒

　　炸弹酒是酒文化的一个组成部分，但人们是从何时开始调制炸弹酒的呢？

　　关于炸弹酒的起源问题，主要有两种比较流行的说法。第一种是在沙俄帝国时代，被流放到西伯利亚的伐木工人为了御寒在伏特加里混合啤酒饮用，有很多人主张这一说法。第二种是在 20 世纪 90 年代，美国的贫穷工人为了用较少的钱迅速买醉，流行起用啤酒勾兑威士忌饮用，也有很多人主张这是炸弹酒的起源。

⊣　苏打葡萄酒与可乐红葡萄酒

　　有些人认为，葡萄酒是很高贵的酒，不应掺

入其他饮料混合饮用。
其实，这是一种偏见。
事实上，葡萄酒是一种
很大众的酒，葡萄酒在
德国和西班牙被视为日
常饮用的酒水，在这两
个国家，经常可以喝到
两种叫做苏打红葡萄酒
（Schorle）与可乐红葡
萄酒（Calimocho）的炸
弹葡萄酒。

　　我曾在德国的法尔
茨地区参加一个小型乡
村派对时喝到过苏打葡
萄酒。当时，我是去拜
访一位叫做格拉尔德的
朋友，恰逢他家所在的

制作可乐红葡萄酒

乡镇举行一年一度的盛大庆典，很多人特地从外地赶来参加乡村庆典。参加
派对的每个人手里都拿着一个大啤酒杯，里面装着半透明的饮料，乍看之下
特别像汽水，这是我第一次见到德国的调味葡萄酒——苏打葡萄酒。

　　调制苏打葡萄酒的方法很简单，只要在大杯子里倒入半杯白葡萄酒，再
倒入半杯苏打水就可以了。这种炸弹葡萄酒特别像普通的碳酸饮料，但这种
苏打葡萄酒的威力可不容小觑。经过调制，酒精含量降低了一半，并且在碳
酸气泡的作用下，口感特别清爽，结果很容易让人在不知不觉中喝多了。那
天，我几乎是一直喝个不停，大约喝了两杯的时候，借着碳酸气泡的力量，
酒精不知不觉中已经迅速被吸收进身体里，产生了醉意。有时，德国人也会
用红葡萄酒调制炸弹酒，但口感相比白葡萄酒要略逊一筹，所以大多数情况
下都是用白葡萄酒调制。

　　西班牙的可乐红葡萄酒与德国的苏打葡萄酒有着相似的调制方法。先将

1.5升装的可乐倒去一半，再倒入便宜的红葡萄酒填满可乐瓶，最后盖上盖子摇晃几次，可乐红葡萄酒就大功告成了。喝可乐红葡萄酒的大多是一些大学生，他们的口袋里钱不多，但又想慢慢喝醉，所以就迷上了这种炸弹葡萄酒。

⊣ 炸弹葡萄酒调制法

在韩国，炸弹酒文化很发达，已经发展出数十种调制方法。并且，也发明了一种炸弹葡萄酒，俗称"德拉库拉酒"，制法如下：在普通的酒杯里倒入红葡萄酒以后，将一小杯威士忌倒进去混合即可。喝的时候，从嘴角边流下来的红色调制酒就像吸完血的吸血鬼，所以得名德拉库拉酒。调制这种炸弹葡萄酒的时候，可以尽量选用便宜的葡萄酒和威士忌。炸弹酒的精髓不在于"味道"，而在于能不能让人迅速产生"醉意"，虽然德拉库拉酒里没有加入碳酸饮料，但整体的酒精含量很高，所以更容易让人产生醉意。

但我建议大家不要一次喝下太多的炸弹酒，这样很容易伤身。虽说炸弹酒在聚会狂欢的时候可以短时间内提升气氛，但却很容易让人在不知不觉中过量饮酒，所以要注意拿捏分寸。

Wine Table
韩式桑格利亚汽酒（Sangria）调制法

桑格利亚汽酒没有官方的调制版本，可以根据自己的喜好随意进行调制，下面介绍一下在韩国流行的调制方法。

材料与做法

柠檬 1 个、橙子 1 个、葡萄酒（红、白均可）1 瓶、橙汁 2 杯、苏打汽水 1 杯、白砂糖 1/3 杯。

1. 柠檬和橙子不削皮，整个洗净，切片后放入调制容器。
2. 将葡萄酒和白砂糖放入调制容器，充分搅拌。
3. 将橙汁倒入调制容器。
4. 放入冰箱冰镇一天左右，饮用前倒入苏打汽水进行摇晃。

Vintage # 34

为爱喝烧酒的人推荐的葡萄酒——芭比布鲁斯科干红葡萄酒（Brusco dei Barbi）

将烧酒控领进葡萄酒的世界

"侍酒师是通过葡萄酒与人以及世界进行沟通的人，因此，与不了解葡萄酒的人谈话时，一定要尽量配合对方的态度，这是基本的礼貌。"

"有烧酒吗？"

在意大利餐厅里，我曾经碰到过这样提问的客人。这类客人是绝对的烧酒控，如果没有烧酒搭配就根本吃不下东西。

"十分抱歉，我们餐厅不提供烧酒，可以的话，我可以向您推荐其他酒。"

听到我这样说，客人通常都会开始发牢骚，说早知这样就去烤肉店或寿司店喝酒了，何必来这种地方受罪。结果，就餐的气氛顿时就被搅乱了，同行而来的客人也会感受到十分尴尬的氛围，不知该如何点餐。

但我不想让顾客带着失望的情绪离开，于是进一步开展了攻势。

"敢问您喜欢烧酒的哪一点呢？"

"就是滑向喉咙时带给人的辛辣劲道，这才叫酒嘛，要带点劲道！"

"我可以推荐您一款气质上很像烧酒的葡萄酒，它会给您一种全新的体验。您如果喝了这款葡萄酒感觉不满意，我可以替您去买烧酒。"

我在波尔多大学上课时，授课的教授曾经说过："侍酒师是通过葡萄酒与人以及世界进行沟通的人，因此，与不了解葡萄酒的人谈话时，一定要尽量配合对方的态度，这是基本的礼貌。不能一味推荐葡萄酒，或者卖弄自己的葡萄酒知识。"

　　爱喝酒的人往往这样形容喝酒的感觉："喝酒就是要体验那种酒滑入喉咙时带给人的辛辣劲道感。"

　　这是在形容酒精入喉的感觉，是很多高酒精度的酒给人的畅快感。葡萄酒也有酒精含量较高或口感较浓烈的种类，换句话说，就是入喉时给人强烈的刺激感或是口感上的厚重感。但葡萄酒再怎么浓烈，其酒精含量也不会超过16%，所以单从度数上讲，葡萄酒很难比得上以高浓度酒精为特色的烧酒。葡萄酒的特色不在于酒精含量，而是味道上的平衡感。如果葡萄酒的酒精含量过高，将极大地破坏味道的平衡感，高酒精度的葡萄酒是难以下咽的。因此，只能选择口感相对浓烈，度数相对较高的葡萄酒来寻求一定的刺激感。

　　于是，我向这位客人推荐了意大利托斯卡纳地区生产的芭比布鲁斯科干红葡萄酒（Brusco dei Barbi）。这款酒在普通商店的售价在120元人民币左右，在酒吧则要卖到230元人民币左右，是一款售价相对低廉的葡萄酒。这款酒的价格虽然不高，口感却一点也不廉价。芭比布鲁斯科干红葡萄酒的单宁顺滑，入喉给人恰到好处的柔顺口感，但酒的颜色和酒精味道却又比较浓烈，会给人类似喝烧酒的感觉，但仔细品尝却又给人不一样的美妙滋味。

▄ 超级托斯卡纳与芭比布鲁斯科干红葡萄酒

芭比布鲁斯科干红葡萄酒是在一家叫做芭比法托丽雅（Fattoria dei Barbi）的酒庄生产的葡萄酒，"Fattoria dei Barbi" 的意思是 "芭比家的酒庄"。在意大利语里，fattoria、tenuta 两个词通常都是用来指酒庄。但有些人去拜访大型酒庄的时候，却喜欢使用 "酒厂（wine factory）" 一词来指酒庄，这是十分不礼貌的用词，切记不能乱用。即使酒庄的外部看起来十分像现代化工厂也不能使用 "厂" 这个字。

芭比布鲁斯科干红葡萄酒是选用 100% 的桑娇维塞葡萄品种酿造的葡萄酒。在托斯卡纳地区生产的葡萄酒原本大多是桑娇维塞占主要成分，但超级托斯卡纳葡萄酒的出现却打破了这一传统。在罗马时代，意大利是将葡萄酒文化传入法国的主要国家之一，后来反而被法国赶超成为了领先国家，这一过程是经过漫长的历史发展演变成的结果。意大利的高级葡萄酒文化始于罗马时代，也终结于罗马时代。相反，法国的高级葡萄酒文化却是持续发酵，直到今日已经影响世界。然而，20 世纪 60 年代后期意大利研发出来的葡萄酒，再次让这一历史悠久的葡萄酒之国踏入了葡萄酒先进国家的行列，并且在其中起决定作用的系列就是 20 世纪 70 年代出现的超级托斯卡纳系列葡萄酒，这在当时引起了不小的轰动。当时，意大利托斯卡纳地区的酒庄几乎都在使用 100% 的桑娇维塞葡萄品种酿酒，而在那个特殊的年代，托斯卡纳的酒庄开始引进法国的葡萄品种，引领了一场品种改良革命，终于造就了 "超级托斯卡纳" 系列葡萄酒，这一系列的葡萄酒至今仍被公认为是世界上最好的葡萄酒之一。

北布鲁斯科干红葡萄酒（Brusco Barbi）

芭比布鲁斯科干红葡萄酒

直到今天，只要谈及托斯卡纳葡萄酒，圈内都认为混入较高含量赤霞珠和梅洛的"超级托斯卡纳"才是高品质的意大利葡萄酒，而桑娇维塞含量高的普通托斯卡纳葡萄酒要逊色不少。通过混酿提升品质固然很关键，但这并非是唯一决定超级托斯卡纳较为优秀的因素。其实，相比于混酿技术，更为重要的是，开始生产超级托斯卡纳葡萄酒的时期，意大利的酒庄们不仅引入了外地的葡萄品种，还引入了现代的葡萄品质管理技术。从此，意大利的葡萄产区在品质管理上比法国还要严格，并且开始受到世人的瞩目。但桑娇维塞葡萄品种毕竟是托斯卡纳地区最适宜栽种的葡萄品种，所以，我们仍然能够用相对低廉的价格买到像芭比法托丽雅这类纯桑娇维塞品种酿造的托斯卡纳葡萄酒。虽然不属于"超级托斯卡纳"系列，但同样秉承了托斯卡纳地区的优秀葡萄管理技术，这种经过特别管理的桑娇维塞葡萄酒有着很高的品质保证。

"便宜的葡萄酒味道不是过于清淡，就是过于苦涩，要想喝口感浓烈醇厚的葡萄酒就得花大价钱。所以说还不如喝烧酒，烧酒才够味道嘛。"

如果下次还有朋友提出这种意见，你不妨请他尝试一下这款葡萄酒，一旦尝过这款酒，相信你的朋友一定会对葡萄酒产生全新的印象。

Wine Table

如何处置不好喝的葡萄酒？

　　有些人不喜欢剩酒，可是遇到特别难喝、能让舌头麻木的苦涩葡萄酒，或是已经发酸、没有果香味的葡萄酒时，根本就不想碰一下，无法直接饮用。我建议你将这种葡萄酒同辛辣的食物一起品尝，这样会获得意外的好口感。苦涩发酸的葡萄酒特别适合搭配辣炒鱿鱼、辣炒五花肉、辣炒拉面等辣味食物。如果是橡木味道过重的葡萄酒，可以先用泡菜火锅炖一点午餐肉再一起搭配着吃，这样也会获得特别的口感。如果舍不得扔掉，就不妨试一试我推荐的方法，喝光看似难喝的葡萄酒吧。

Vintage # 35

需要道歉时，选择圣佩德罗雷司令晚收甜白葡萄酒（San Pedro，Late Harvest Riesling）

讲究技巧的和解方式

香甜的味道可以愉悦人的心情，可以缓和氛围，甜酒自有它神秘的功效。当你同别人发生摩擦想要缓和一下尴尬的气氛时，可以邀请对方喝一杯甜酒，这是迅速化解矛盾的有效方法。

一日，在厨房工作的一位同事向我诉苦道："我说我喜欢喝甜甜的葡萄酒，却被前台的服务生嘲笑是不懂葡萄酒的菜鸟，说我根本不会品尝葡萄酒的真正滋味。你说有没有这个道理？"

普通人对于葡萄酒存在着种种误解，其中最具代表性的恐怕要数这一条了，就是"不懂的人才喝甜甜的葡萄酒"。其实，说出这种话的人也不懂葡萄酒，甜甜的葡萄酒并不是新手的专属品。

当你没有什么下酒菜但想喝一杯的时候，或者是累了一整天想要放松一下的时候，抑或是吃了一顿美食但意犹未尽、吃了辛辣的食物想要润口时，一定特别想喝点带着甜味的美酒。香甜的味道可以愉悦人的心情，可以缓和氛围，甜酒自有它神秘的功效。当你同别人发生摩擦想要缓和一下尴尬的气氛时，同样可以邀请对方喝一杯甜酒，这是迅速化解矛盾的有效方法。当你和朋友发生了争执，说了一些不该说的话，而你又特别重视对方的感受，心里产生悔意又不知用什么办法开口道歉时，甜酒就该登场了，甜甜的美酒一定可以软化对方的心。甜酒有一种沁人心脾的香气和味道，对方即使再生气，也会对这种味道欲罢不能。

⊣ 很酷的和解方式

我所推荐的可以用来化解尴尬气氛的酒就是智利名庄圣佩德罗（San Pedro）生产的雷司令晚收甜白葡萄酒（Late Harvest Riesling）。虽然算不上是高级葡萄酒，但喝起来口感十分顺滑。在这一价位的甜酒中，能够获得如此上佳口感的酒的确找不出几种。大多数同价位的葡萄酒不是香气和口感太弱就是甜味太强，还没等喝完一杯就已经腻到不想再喝下去了。

圣佩德罗生产的雷司令晚收甜白葡萄酒拥有恰到好处的口感和香气，甜味也适中，不会让人感觉甜腻。值得一提的是这款酒的香气，特别直接且清爽，冷藏之后再喝会给人十分顺滑的感觉。这款酒在普通商店的售价约为 60 元人民币，而在酒吧或餐厅则要卖到 170 元人民币左右，是一款价格较为低廉的葡萄酒。品尝这种价格低廉的葡萄酒时，不要试图去寻找复杂的香气或深层次的口感，你需要做的就是去感受这款酒在第一时间给你的口感，并确认是否会引起你的兴趣。

"late harvest" 的意思是"晚收"，表明这款酒是用晚收的葡萄酿制的。同样的意思，在德国用"spatlese"，在法国用"vendange tardive"表示。晚收的葡萄拥有较高含量的糖分，用这样的葡萄酿制的葡萄酒，即使在酒精挥发以后仍会有糖分滞留于葡萄酒中，从而让葡萄酒呈现出较甜的口感。欧洲中北部地区气候较寒冷，这些地区的葡萄成熟较慢，所以在这些地区酿造葡萄酒时，要想获得甜甜的口感就需要往葡萄原汁里加入少量的糖分，这一工序被称为"加糖（chaptalization）"，研发出这一工序的人是法国的化学家夏普塔尔（Chaptal），因此用他的名字命名了这一工序。在糖分不足的葡萄原汁里加入糖分就可以酿造出酒精成分较高的葡萄酒。适当的酒精含量是葡萄酒得以长久保存的必要条件，但在气候寒冷的地区才能使用这种加糖工

圣佩德罗雷司令晚收甜白葡萄酒（San Pedro, Late Harvest Riesling）

> ## Remember Wine Label
>
> 　　韩国进口的圣佩德罗晚收甜白葡萄酒几乎都是用雷司令这一品种所酿造。因此，只要记住圣佩德罗（San Pedro）和晚收甜白葡萄酒（Late Harvest）这两组名称就足够了。

艺，这也是一种补救措施，如果是在气候炎热的地区，这种工艺是被严格禁止使用的。在欧洲，这是行业内制定的规矩。在西班牙南部、意大利南部、智利南部、澳大利亚等气候炎热的地区，加糖的做法是非法的，而且从现实操作层面上也不需要这一工艺。在气候炎热的地区，靠着葡萄自然生成的糖分就已经足够让原汁充分发酵了，加糖反而容易弄巧成拙。

┥ 让彼此冷静的时间

　　甜白葡萄酒一定要经过冷藏再饮用。在常温下，甜味太重的酒会让人产生甜腻和沉闷的感觉，降低饮用的兴致，因此经过适当的冷却可以让口感变得更加清爽，味道更加沁人心脾。在饮用甜酒之前，应该将酒放在冰箱冷藏室里冷藏 4 个小时以上，若是着急品尝则可以放在冷冻室里冷冻 40 分钟左右，让酒体充分冷却以后再饮用。若是还嫌慢，则可以在水桶或洗脸盆里盛满水后放入冰块和酒，这样一来，不到 15 分钟就可以快速完成冷却，注意，水和冰块的最佳比例是一比一。我常看到一些人只放冰块而不加水，这是错误的方法，只有将水和冰块充分混合才能让葡萄酒迅速降温。如果冰块不够冰镇葡萄酒，那么可以先将酒瓶浸湿，然后再放入冷冻室里冷却，这样也会比直接放进去降温更快。如果是放入冷冻室，要特别注意时间，不要太久，以防止酒体结冰或酒瓶粘在室壁上。

　　当你与他人产生矛盾时，一定要及时化解彼此间的憎恨，否则久而久之就会发展成无法修补的裂痕，甚至如仇敌般暴力相向。所以，不妨用一用我所建议的葡萄酒矛盾化解法，趁雷司令晚收甜白葡萄酒冷却的工夫主动向对方示好，然后一起带着轻松的心情品尝香气浓郁的葡萄酒吧！

Vintage # 36

纸杯、保温杯、塑料杯

任何杯子都可以

纸杯不见得只能装价格低廉的酒，当你喝好酒时，纸杯反而具有玻璃杯所不具备的"机动性"，能让你在繁忙的移动生活中同样可以享受葡萄酒的美味和香气。

"老婆，从今天起，我一定把烟戒掉！我向你保证！"

当老公意志坚定地做出上述保证时，大多数老婆都会半信半疑地怀疑老公能否真正坚持。虽然在家里不抽，但在外面说不定会偷偷抽上几根。但老婆在无凭无据的情况下也无法质问老公什么。其实，我可以告诉这些老公的老婆们一个简单的验证方法，用一只葡萄酒杯就可以轻易验证老公的话是否属实。

你可以让老公站定，然后拿着一个葡萄酒杯凑到跟前停留一会儿，最后像品尝葡萄酒一样将鼻子凑近杯口闻一闻味道，如果闻到烟味就可以肯定老公在说谎。郁金香形状的葡萄酒杯是世界上用来收集味道最为简便且实用的工具，特别像香烟这种较刺激的味道更是一验一个准，特别灵敏。即使只抽了一口烟，也逃脱不了葡萄酒杯的聚拢效果，可以让你明辨味道。所以，稍微上点档次的葡萄酒酒吧或餐厅是明令禁止吸烟的。雪茄则更加禁止，爱喝葡萄酒的人，有些也很喜欢抽雪茄，但雪茄的味道比香烟还要浓烈，会覆盖葡萄酒原本的香气。同样的道理，在喝葡萄酒的时候也切记喷香水，这也是尊重同饮者的基本礼貌。

不易碎的野餐高脚杯 "Wigle"

┥ 酒杯与葡萄酒

喝葡萄酒的时候，选择酒杯是很有学问的。好的酒杯与普通酒杯的差距在于，好的葡萄酒杯可以聚集香气，并且将聚集的香气更加有效地传递给饮用者的鼻子。正因如此，才出现了诸如力多（Riedel）或诗杯客乐（Spiegelau）等高品质酒杯生产厂商，这类高档酒杯生产厂商会根据不同的葡萄品种以及不同款的葡萄酒特点，设计出各式各样具有针对性的精品酒杯。当然，普通人不需要为了更好地享受葡萄酒而将不同的酒杯全部收集起来。基本上，只要酒杯的形状呈郁金香形状，都可以有效地聚集香气。另外，杯壁不要太厚，杯壁较薄的酒杯可以让舌尖感受到的口感更加轻盈，香气也会单纯且细腻地散发出来。

选用高级葡萄酒杯品尝葡萄酒自然是最完美的搭配，但很多时候这是可遇而不可求的。比如去野餐的时候，携带易碎的玻璃酒杯是件很麻烦的事情。这时，用塑料杯子代替也是一种方法。我所说的塑料杯子并非是那种用一次就丢掉的免洗杯子。而是一种仿造玻璃杯子的形状，可以将葡萄酒特有的香气聚拢到一定程度的杯子，并且杯子的颜色是透明的，可以欣赏到酒体的美丽色泽。

当你连这种塑料杯子也找不到时，也可以用啤酒杯或纸杯来品尝葡萄酒。但需要注意一点，倒酒以前，一定要先确认杯子是否因为搁置太久而有了其他的异味或因为没有清洗干净而残留了怪味。如果使用一次性纸杯，则要确认杯壁的防水塑料是否有破损，如果有破损而裸露出纸张则会在酒中混入纸张的味道。如果发现杯子不合格，请果断换一个新的杯子。啤酒杯或纸杯虽然无法像专用玻璃杯一样呈现出葡萄酒的香气，但当你将酒含入口中细细品味时，同样可以让香气从口腔进入鼻腔，获得舒服的享受。如果使用的酒杯有异味，那么不管你如何去体会，酒的味道也已经发生改变，一切都无法挽回了。

纸杯不见得只能装价格低廉的酒，当你喝好酒时，纸杯反而具有玻璃杯所不具备的"机动性"，能让你在繁忙的移动生活中同样可以享受葡萄酒的美味和香气。比如，当你想在傍晚时分一边喝着美酒一边在附近的公园散步时，用纸杯装酒就是很好的选择。试想一下，如果你拿着玻璃杯在公园里徘徊，相信一定会招来路人异样的目光。

使用保温杯装葡萄酒也是在户外享受美酒的好方法。比如去海边的大排档品尝生鲜，或者去户外进行简单的野外烧烤时，我都会选择用保温杯装葡萄酒放进背包里携带。首先用热水洗净杯壁，然后等充分干燥以后再装入葡萄酒，大约可以装进三纸杯的量。

◀ 带上一瓶金凯福产马尔堡长相思干白葡萄酒

去到户外，特别是海边时，特别适合带上一瓶金凯福酒庄（Kim Crawford）产的马尔堡长相思干白葡萄酒（Marlborough Sauvignon Blanc）。这款酒是新西兰产的长相思白葡萄酒，入口时会给人"咔嗞咔嗞"感的清爽果香。在夏季炎热的沙滩上，找个好位子坐下来，然后将身前的沙子挖深一点，不一会儿就会挖到比较透亮的沙子。然后将葡萄酒装进事先准备好的塑料袋里，再把袋子埋进透亮的沙坑中，记得要露出瓶口。等到充分享受完日光浴，感觉身体有些发红发烫时，拿出埋在沙坑里的葡萄酒，倒进合适的杯子里饮用。用一句诗来形容此时的清凉畅快感再恰当不过了——"面朝大海，春暖花开"！

Wine Table
力多杯与诗杯客乐杯

　　以生产高档葡萄酒杯闻名的力多与诗杯客乐都是位于澳大利亚的公司。力多以专业著称，擅长根据不同的葡萄品种生产出不同形状的酒杯。力多杯被公认为是享受葡萄酒的最佳酒杯，但因为杯壁太薄且敏感，所以洗涤时稍不小心就会破裂。诗杯客乐比力多价格上稍微便宜一些，杯壁也较厚，但使用诗杯客乐来品尝葡萄酒已经是非常奢侈的享受了，几乎可以驾驭任何种类的葡萄酒。

Vintage # 37

出国时必买的葡萄酒

出国时，有些葡萄酒要无条件购买

在葡萄酒领域，同样存在假货问题，而且高级葡萄酒的仿冒品比想象中还要多，一不小心就会花几千大洋买到仿冒品。

在国外只要60元人民币左右的葡萄酒，进入韩国就要卖到3万～4万韩元（约合180～240元人民币）。而且韩国是以葡萄酒价格高昂而闻名的国家之一。葡萄酒在韩国如此昂贵的原因何在呢？

一款进口红葡萄酒，关税、酒税、教育税、增值税等各种税金就占到了成本的70%。比如一款葡萄酒的进口价格为1万韩元，那么进入韩国就要加上7000韩元的进口成本，达到1.7万韩元的售价。不仅如此，经过几级流通环节，每一级经销商都要加入一定的利润，因此价格居高不下。进口公司要加上30%的利润，经销商要加上20%的利润，摆上大型商场的货架又要加上20%的利润，流通至酒店或高级酒吧则最高会加上200%的利润。正是因为中间环节的增多，一瓶葡萄酒会卖出比成本高三至四倍的价格也就不足为奇了。

因为价格居高不下，很多人开始尝试从海外直接购买葡萄酒。但将一款葡萄酒带入国内要慎之又慎。大多数情况下，海关通常只允许个人携带1升以内的液体通关，所以最多只能带一至两瓶葡萄酒。所以在葡萄酒爱好者之

装载葡萄酒原汁的船

间，流传着一个笑话，有的人为了多带几瓶葡萄酒入境，甚至用衣服将葡萄酒层层包裹以后放在行李箱里冒险通关。

⊣ 请记住这款葡萄酒

真正的葡萄酒狂热爱好者通常不会考虑一款酒的价格如何，而是关注喜欢的葡萄酒在国内有没有进口，如果没有进口，就会去国外想方设法购买。我出国时通常一定会买雪利酒（Sherry）。而我的首选雪利酒在韩国没有进口，就连在欧洲也很难买到，它就是帕罗 - 科尔达多（Palo Cortado）葡萄酒。

当你出国不知该带什么葡萄酒回国时，我建议大家购买雪利酒。目前，符合大众口味的甜型雪利酒在韩国已经不难买到，但是干型雪利酒仍不多见。因此，如果你有机会去欧洲，我建议你购买在干型雪利酒中非常优秀的一类且具有胡桃坚果类香味的艾门提拉多白葡萄酒（Amontillado）、帕罗 - 科

雪利酒

尔达多白葡萄酒、欧罗索白葡萄酒（Oloroso）等。价格较为低廉的可以用120～300元人民币买到，而且品质还很出色。

　　如果你想购买类似雪利酒的葡萄酒或是其他较为特殊的葡萄酒，我建议你购买比雪利酒等级低的餐酒，如葡萄牙的波特酒（Port），也是很不错的选择。购买波特酒最好选择年份较久的。

　　波特酒的酒标上如果写着"某年份"，则说明是"年份波特酒（Vintage Port）"，只有葡萄收成特别好的年份，才会标注 Vintage。这种好年份平均十年才会出现三四次，不是每年都会遇到这样的好年份。所以，要是能买到数十年前产的标有珍贵年份的波特酒实属幸事。若是买不到年份波特酒，转而购买白波特酒（White Port）也不错。波特酒几乎都是红葡萄酒，只有少数使用100%的白葡萄酿造，所以白波特酒也是十分珍贵的葡萄酒。虽然白波特酒没有红波特酒那样有着层次丰富的口感，但也是别有一番风味，能够品尝一次也是很不错的经验。

　　还有一点需要注意，就是要购买年份好的葡萄酒。或许有人会说，"这是众人皆知的标准，有必要特意强调吗？""韩国已经有很多品质出色的进口葡萄酒了，为何还要特意从国外带回来呢？"其实，年份好的高级葡萄酒在韩国并不容易遇到。那些著名的葡萄酒输出国通常会将最好的葡萄酒出口到中国或日本等潜力较大的市场，而目前在韩国市面上流行的高级葡萄酒，大多不具备出色的年份。欧美日等地的葡萄酒市场规模较大，葡萄酒流通量也较大，因此购买到年份好的葡萄酒的概率也较大。但是即便在欧美地区，也要向可信赖的商家或中间商购买，同时也要注重卖酒者的专业素质，只有尽可能做到以上几点才不会吃亏。

┤ 要留心山寨货

　　在葡萄酒领域，同样存在假货问题，而且高级葡萄酒的仿冒品比想象中还要多，一不小心就会花几千大洋买到仿冒品。别看是假冒名酒，但瓶子里面装的却不一定是假酒，通常里面也装着葡萄酒，而且具有一定程度的酿造品质，有时连葡萄酒专家也难辨真伪，味道与真酒甚为相近。例如，一瓶大约 28500 元人民币的普通罗曼尼·康帝（La Romanee-Conti），只要换个酒标和软木塞，假扮成年份好的高级罗曼尼·康帝，身价就能瞬间飙升三四倍。

　　如果你在出国时有机会访问著名的酒庄，可以购入一些因产量稀少而在国内很难买到的高级葡萄酒。

　　但在一些葡萄酒文化并不发达的国家购买葡萄酒时一定不能掉以轻心，就像我在前面所提示的一样，因为有大量的仿冒品充斥在市场上，在一些东南亚国家购买葡萄酒要特别留意辨别真伪。前不久，美国的葡萄酒专刊《葡萄酒观察家（Wine Spectator）》就曾撰文指出葡萄酒业界里流传的一个颇具讽刺意味的说法："比起法国波尔多地区生产的柏翠（Petrus），美国拉斯维加斯所产的'柏翠'产量更大。"

柏翠葡萄酒是 Grand Vin 级别的世界级高档葡萄酒。而这款酒卖得最好的地方就是世界最大的赌城拉斯维加斯，去往那里的土豪赌客向来喜欢点这款酒喝。但根据《葡萄酒观察家》的报道，拉斯维加斯的柏翠葡萄酒大多是假货。在购买陈年葡萄酒时，如果发现酒标过新就要引起怀疑了，购买前必须仔细确定葡萄酒的流通渠道，验明葡萄酒的身份是否合法。

┥ 需要记住的葡萄酒及酒庄

去往欧洲、美国、澳大利亚、加拿大等大洲及国家时，应该了解的葡萄酒有以下几个：法国的罗曼尼·康帝、柏翠，这两款酒在当地的价格也不菲。酒庄需要记住的有以下几个：滴金酒庄（Chateau d'Yquem）、玛歌酒庄（Margaux）、拉图酒庄（Chateau Latour）、木桐酒庄（Mouton Rothschild）、拉菲酒庄（Lafite Rothschild）、白马酒庄（Chateau Cheval Blanc）等，这些酒庄的酒价也不菲，但都是值得购买的高级葡萄酒。宝玛酒庄（Chateau Palmer）的波尔多二级酒也是值得购买的葡萄酒。

德国的有冰酒（Eiswein）、贵腐精选葡萄酒（金冰王，Trockenbeeren-auslese）、逐粒精选葡萄酒（Beerenauslese）。意大利嘉雅酒庄（Angelo Gaja）、凡第诺酒庄（Conterno Fantino）生产的高级葡萄酒也很不错。西班牙贝加西西利亚酒庄（Vega Sicilia）生产的独一珍藏葡萄酒（Unico）及瓦布伦纳 5° 干红葡萄酒（Valbuena 5°），美国的作品一号（Opus One）以及啸鹰酒庄（Screaming Eagle）、哈兰酒庄（Harlan Estate）所产的顶级葡萄酒，澳大利亚奔富酒庄（Penfolds Grange）所产的葡萄酒，加拿大的冰酒（Ice Wine）等，都是值得入手的优秀葡萄酒。

Vintage # 38

葡萄酒投资

比房地产更靠谱的投资对象

购买这类高级葡萄酒一定要选好年份，无论葡萄酒的等级如何高，只要年份差，价格就几乎不会上涨。

最近几年盛行关于葡萄酒理财的各类宣传，比如在法国旅行时购买一瓶20欧元左右的葡萄酒，回到国内就可以转手卖出两三倍的价钱；或者将生产年份较好的葡萄酒储藏几年之后就可以卖出比当初的买入价高出十倍的价格。这些说法成了很多人的谈资，让人们一头雾水。

如果选择葡萄酒作为投资对象，一般会分为两种情况：一是直接购买并储藏一段时间，日后再以比较高的价格卖出；二是投资葡萄酒基金。

┤ 直接投资法

直接购买心仪的葡萄酒并进行储藏，这种投资方式最直接也最让人兴奋，但这种方式要求你必须事先做好关于葡萄酒的各类功课。从选择葡萄酒到购买、储藏以及最后的出售，所有环节的风险都要由个人承担。

投资用的葡萄酒不是供自己享用，所以全部购买价格昂贵的高级葡萄酒

波尔多列级酒庄顶
级葡萄酒（Grands
Crus）

用来投资也是比较简单的方法。如果你购买的是价格不高的普通葡萄酒，即使储藏很久也很难卖出高价，这类酒的价格不会有太大波动，所以不具备投资潜力。即使是售价达 600 ～ 1200 元人民币的葡萄酒，储藏一段时间以后价格也只能上升一点点，投资潜力有限。如果你刚踏入葡萄酒投资领域，我建议你直接购买价格最昂贵的顶级葡萄酒，这样是最靠谱的方式。如波尔多顶级的玛歌酒庄（Margaux）、拉图酒庄（Chateau Latour）、木桐酒庄（Mouton Rothschild）、拉菲酒庄（Lafite Rothschild）、红颜容酒庄（Chateau Haut Brio）等名庄生产的葡萄酒，或者是波美侯（Pomerol）、圣埃美隆（St Emilion）地区的高级葡萄酒，如柏翠（Petrus）葡萄酒，以及白马酒庄（Chateau Cheval Blanc）产的葡萄酒。再有就是勃艮第地区少量生产的顶级葡萄酒，如罗曼尼·康帝（La Romanee-Conti）、塔希（La Tache）、李其堡（Richebourg）、慕斯尼（Le Musigny）等 。美国纳帕谷产的高级葡萄酒，如作品一号（Opus One），或者是澳大利亚的高级葡萄酒，如奔富酒庄（Penfolds Grange）产的葡萄酒等，都是很好的投资对象。这类葡萄酒的售价，少则 2800 ～ 3400 元人民币，多则要 57000 元人民币以上。购买这类高级葡萄酒一定要选好年份，无论葡萄酒的等级如何高，只要年份差，价格就几乎不会上涨。

再有，购买葡萄酒一定要通过信用度高的途径。特别是购买高级葡萄酒时，不要为了贪图小便宜而去没有资质的地方购买，就算贵一点，也要选择可靠的商家进行购买，这是必须要注意的地方。信誉高的商店往往是通过正规的渠道进酒，所以信任度很高。有些人喜欢去拍卖会上购酒，虽然拍卖的过程相当刺激，但你无法确认拍卖会上的酒是如何管理的，其储藏过程中的风险很高，作为投资不是上佳之选。

买入一瓶顶级葡萄酒以后，接下来就要关注储藏环节了。如果你没有合适的储藏场所，即便葡萄酒再高级，也不要轻易购买。当你不能精心储藏一瓶酒时，不如及时出手或喝掉。葡萄酒是一种长期投资对象，为了管理高级葡萄酒，必须具备一定的储藏环境。最简单的方法是使用葡萄酒专用柜。但是，供普通家庭用的廉价葡萄酒柜并不适合长期储藏葡萄酒，如果用这种简易的葡萄酒柜储藏葡萄酒反而容易让葡萄酒变质。廉价的葡萄酒柜的柜体震动强烈，而且大多无法做到恒温恒湿。震动对于葡萄酒来说是最大的天敌，湿度无法控制则容易让软木塞干裂，从而让大量的氧气进入到酒体中，使葡萄酒迅速氧化。如果你打算认真做一番投资计划，下决心要长期存放而大量购入葡萄酒，我建议你购入可以控制震动与湿度的高级葡萄酒柜，即使花大价钱也是值得的。

储藏葡萄酒的最佳场所是两至三层深度的地下室，这样才不需要担心有光线投射进来，因为光线也容易造成酒体变质。同时，地下室冬暖夏凉，可以较容易维持恒定的温度，且远离地面的喧闹，可以减少不必要的震动干扰，同时使用一定的设备维持恒定的湿度，就可以创造出最佳的储酒条件了。历史悠久的酒庄都有自己的地下酒窖。就算酒窖不是很深，只有一层或是半地下室，也比地面的储藏条件要好。如果是半地下室，可以用加湿器将湿度维持在 70% 左右，这就是很理想的储藏条件了。虽说恒温恒湿对于葡萄酒的储藏较为有利，但湿度过高也不行，湿度过高容易使酒标发霉，严重时甚至会使酒标彻底脱落。为了防止这种情况发生，需要留意湿度变化，同时为每瓶葡萄酒都包裹上层层的保鲜膜。但即使如此，也无法避免因保鲜膜松弛而使湿气慢慢渗透，所以要定期为酒瓶更换保鲜膜外衣。酒标毁损会对顶级葡萄酒的价值造成极大影响。就算是短期存放，也要避免放在燃气温度较高的厨房、光线直射的卧室、有暖气的房间等容易产生环境变化的场所。普通家庭若是能开辟出一个阴暗无窗的仓库是最好不过的了。但是，现代的公寓住宅很少能有这样的空间，若是无法创造上述条件，我建议最差也要放在朝北的阳台。另外，存放葡萄酒时，软木塞与酒体一定要保持接触状态，要平放酒瓶使软木塞保持湿润，否则软木塞容易干裂。

当一瓶好酒存放时间足够长以后，就可以拿到市面上出售了。普通人了解的出售渠道并不多，需求者必须拥有足够的财力，才能购买到价格高昂的葡萄酒，所以看似有些难出手，但也不必着急，这是因为你还没有融入玩葡萄酒收藏的圈子。其实，并不乏高级葡萄酒的需求者，你需要做的是慢慢积累人脉资源。

⊣ 葡萄酒基金

除了直接选酒并经过储藏再出手的直接投资法，还有一种是利用基金开展的间接投资。在法国波尔多地区，葡萄酒贸易的历史较为悠久，所以有几家公司将葡萄酒投资基金化，让普通人也可以进行间接投资。这些公司聚集投资人的钱以后，会从专业角度选择具有升值空间的葡萄酒进行购买，等价值上升到一定程度以后再选择合适的时机出售以谋取利润，这是较为常见的做法。除了这种集资后由专业的管理团队负责投资的模式以外，有些地方可以让个人投资者自行决定购买和出售的时间及具体方式。上述投资方式的背后都有专家在出谋划策，因此风险较小，但投资者也要为此付出手续费、仓储费、保险费等各类费用，且选择投资的葡萄酒大多是经过验证的名酒，虽说品质有保证，可价格也不低，甚至有些偏高。

如果你对葡萄酒基金感兴趣，可以登录 http://www.winegrothfund.com、http://bdxv.com、http://bbr.com 等网站了解相关资讯和操作方法。但需要注意一点，直接投资海外基金要注意汇率变动的因素，如果不清楚里面存在的风险就盲目投资，到最后发现升值空间太小或因其他相关成本等因素而导致赔钱就无法挽回了。不过投资就是风险与利润并存，这几年在市场上，2000年、2003年、2005年等优秀年份的葡萄酒的价格都翻了好几番，导致投资葡萄酒成为一股热潮。总之，在决定投资以前，一定要看清利弊，并且做足功课以后再考虑是否出手投资。

今晚喝什么
40种情境,
40款葡萄酒
选配圣经

Vintage # 39

有益健康的葡萄酒

日饮一杯,让皮肤焕发光彩

在家里同样可以享受到葡萄酒美容的神奇功效,当你有一瓶放置过久而发酸的葡萄酒时,不妨用来自制化妆水和面膜等护肤品。除了制作护肤用品,还可以将葡萄酒倒入浴缸享受葡萄酒浴,可以让皮肤变得更加细腻和光滑。

很久以前的一天,我看到一则新闻报道,说葡萄酒有助于预防心血管疾病,于是我果断为父母买了一瓶葡萄酒。大多数人在第一次品尝葡萄酒的时候,都会感觉苦涩且不好喝,连爱喝酒的父亲也觉得葡萄酒不像传统的烧酒,喝不惯。但为了身体健康,父亲还是硬着头皮喝完了。母亲的态度却截然相反,她说:"我第一次喝到如此好喝的酒!"

也许是母亲的一句赞许,从那时起,我就开始关注葡萄酒了。我当时很好奇母亲究竟是被葡萄酒的什么味道吸引,也是从那时起,我开始经常以为父母身体着想为借口,买葡萄酒送给父母品尝。

┤ 韩国悖论的副作用

许多人开始接触葡萄酒的理由与我很相似,葡萄酒在全世界形成一股热潮也是因为一个话题成为人们热烈讨论的对象,这就是"法国悖论(French

Paradox）"的存在。所谓法国悖论，是指法国人喜欢吃奶油、奶酪等高脂肪食物，可是心血管疾病所引起的死亡率却不到欧美人平均值的一半，这与法国人酷爱喝葡萄酒有着直接关系。研究证明，葡萄酒里含有许多抗氧化的物质，这些物质可以抑制血栓形成，降低胆固醇水准，有效预防心血管疾病。曾经的世界最长寿纪录保持者，于1997年以122岁高龄去世的法国老奶奶露意丝·卡尔芒（Jeanne Louise Calment）曾说过："我的健康秘诀是每天喝一杯葡萄酒。"这位老奶奶不是嗜酒如命的人，但据说她每天睡前都会喝上一杯葡萄酒。

单凭这一点，葡萄酒绝对是健康饮品。葡萄酒对身体有益的因素有两种：一是酒精；二是葡萄酒里的化学物质酚。每餐摄入一两杯葡萄酒里的酒精，可以有助于血液循环；而葡萄酒里的酚成分可以防止细胞老化。根据研究显示，不只是葡萄酒，摄取其他种类酒里的酒精同样可以起到活血化淤的效果，适当摄取酒精的人要比不喝酒的人更加健康，而养成喝葡萄酒习惯的人则更加健康。

我们从浓烈的葡萄酒里发现的单宁成分属于酚的一类，而让颜色呈现红色的花青素也属于酚的一种，这些酚都具备抗氧化的功效。人体老化的过程其实就是氧化的过程，酚成分可以有效发挥抗氧化功能，延缓人体细胞的氧化速度。红葡萄酒比白葡萄酒熟成得更加缓慢，所以当葡萄酒酿成以后，在装瓶时加入的二氧化硫也比白葡萄酒要少，这是因为酚成分本身就扮演了防腐剂的角色。

2007年，有报道指出葡萄酒里含有致癌物质，第二年更是指出在法国生产的葡萄酒里检测出农药成分，当时引起了不小的轰动。其实，从葡萄酒里发现的致癌物质是氨基甲酸乙酯（脲乙烷），在我们所食用的发酵食品或发酵饮品里都存在这一物质，农药当中也含有这个成分。葡萄作为农作物，在栽培过程中必然要喷洒杀虫剂一类的农药，但在临近采摘之前会停止使用农药，从而让葡萄中含有的杀虫剂含量降到最低。但是新闻里却没有详细介绍事情的前因后果，很容易误导消费者，从而让整个葡萄酒业蒙受打击。

⊣ 葡萄酒是天然美肤佳品

红葡萄酒里含有果酸（AHA）成分，可以增强皮肤的生命力与抗氧化力。近几年，美国的一些化妆品也开始强调葡萄酒所具有的抗氧化效果，虽然这类化妆品的价格不菲，但仍然受女性们的追捧。在法国的波尔多，拉菲酒庄从很早以前就已经研发出"欧缇丽（Caudalie）"这一葡萄酒化妆品牌，行销世界各地。并且，酒庄还设置了一个葡萄温泉疗养 SPA（Vinotherapie SPA），所使用的材料均是酿造葡萄酒时剩下的葡萄皮和葡萄籽等副产物，不但可以用来制造化妆品，还能用于经营 SPA 会所。

但即便你不在法国，在家里同样可以享受到葡萄酒美容的神奇功效，也不必花大价钱去购买化妆品或去会所做 SPA。当你有一瓶放置过久而发酸的葡萄酒时，不妨用来自制化妆水和面膜等护肤品。网络上有很多制作方法，很容易查到。除了制作护肤用品，还可以将葡萄酒倒入浴缸享受葡萄酒浴，可以让皮肤变得更加细腻和光滑。但用葡萄酒泡浴不需要将一整瓶葡萄酒都倒入浴缸里，泡得太久可能会被酒精味道给醉倒。另外，需要注意的是，葡萄酒会增加皮肤对紫外线的敏感性，所以当你用葡萄酒进行护肤以后要及时用水洗净身体，并且擦一些可以防止紫外线的保养品。此外，为了防止洗脸池与浴缸浸染葡萄酒的颜色，使用以后一定要将洗脸池与浴缸洗净。总之，充分利用一瓶葡萄酒，既能让你享受到美味与健康，又能达到护肤养颜的效果，让你彻底爱上葡萄酒。

Wine Table
红葡萄酒泡浴法

需要准备的材料
喝剩的红葡萄酒 4 ～ 5 杯

泡浴方法
在一人用的浴缸里放入六分满的水，将 4 ～ 5 杯的红葡萄酒放入水里，然后进入浴缸浸泡 5 ～ 10 分钟，再出浴缸休息 5 分钟。将这一过程重复三次。

效果
泡葡萄酒浴可以促进血液循环，快速消除疲劳，让皮肤变得光滑细腻有光泽。葡萄酒的抗氧化作用可以促进新陈代谢，预防脂肪堆积，对于减肥也有很好的功效。

Vintage # 40

入睡前喝一杯雪利酒（Sherry / Jerez / Xerez）

用一杯葡萄酒结束一天的辛劳

　　每天入睡前喝一杯阿蒙提拉多，可以帮助你驱散一天的辛劳感，安定你的心灵，使你甜美入梦。

　　"nightcap" 一词是指睡觉前喝的一杯睡前酒。我所认识的葡萄酒爱好者中，有很多人喜欢在临睡前喝上一杯。有些人认为，睡前在嘴里含上一口充满香气的葡萄酒可以促进睡眠，让人做个好梦。

　　但在入睡前喝红葡萄酒需要注意一点，那就是喝完酒一定要刷牙。偶尔忘记刷牙不要紧，可如果养成喝完红葡萄酒不刷牙直接入睡的坏习惯，容易让红色素浸染到牙齿上。虽

然这种色素可以寻求牙医的帮助进行美白，但如果长期不注意，一旦让牙齿彻底变黄就很难修复了。

我的睡前酒是雪利酒，而雪利酒的原始产地就是西班牙南部的赫雷斯（Jerez）小镇。该地区的葡萄酒最初只是出口至英国，但英国人无法发出这座城镇的正确发音，就找了个谐音"Sherry"来代替。在法国则称为"Xerez"，与西班牙的拼写仍然不同。酒瓶的后面通常会同时标注三个单词。

雪利酒的独特酿造工艺

雪利酒在酿造过程中，会故意将酒体暴露在空气中，长时间进行强制氧化。通常，我们在酿造葡萄酒的时候，除了正常的发酵期以外，其余时间都会让酒尽可能避免被氧化，酿酒师为此总是小心翼翼的，但雪利酒的酿造方法却与此截然相反。为了让酒体更有效率地充分氧化，在葡萄酒熟成期间，不会将橡木桶装满葡萄酒，而是留出足够的空间，以便酒体能够充分接触预

1. 欧罗索（Oloroso）
2. 帕罗–科尔达多
   （Palo Cortado）

留在空间里的空气。雪利酒需要达到的氧化时间，长则需要数年、数十年的时间。雪利酒在酿造过程中，会采用将橡木桶进行多层排列的独特酿造工艺。通常会分三层，堆叠数十个乃至数百个橡木桶。最上层的橡木桶装当年生产的新酿葡萄酒，而最下层橡木桶里的葡萄酒则会抽出一部分装瓶出售，然后用上面一层橡木桶里的酒来注满抽取的空间。假设有三层橡木桶，从下往上数第一层橡木桶里的葡萄酒需要取出一部分装瓶出售，第二层橡木桶里的葡萄酒就会注满第一层的橡木桶，而第三层橡木桶里的新酒则会注满第二层的橡木桶。用这种方法进行管理，同一年份的葡萄酒只会出现在最上层，越往下层，木桶里就会混入多种年份的葡萄酒。听说，最下层的橡木桶里甚至可能混有数百年前年份的葡萄酒。

　　雪利酒的种类很多，如曼萨尼亚酒（Manzanilla）、曼萨尼亚帕萨达酒（Manzanilla Pasada）、菲诺（Fino）、菲诺 - 阿蒙提拉多（Fino-Amontillado）、阿蒙提拉多（Amontillado）、帕罗 - 科尔达多（Palo Cortado）、欧罗索（Oloroso）、奶油（Cream）雪利酒、白克林姆雪利酒（Pale-Cream）、佩德罗 - 希梅内斯（Pedro-Ximenez）等，但你不需要记住每一款酒的名字，其实真正能够当作睡前酒的只有阿蒙提拉多和欧罗索。

　　阿蒙提拉多的口感与香气比较细腻和淡雅，但欧罗索却比较浓烈。但这只是大致形容两款酒的口感。其实，两款酒有很多系列，从特别干涩的、略带甜味的，到特别甜的，有很多种不同的口味。很多人第一次接触雪利酒都是喜欢它那香甜的味道，但是喝惯了甜型雪利酒以后，随着时间推移，你会渐渐想喝比较有层次的干型雪利酒。

⊣ 阿蒙提拉多

　　菲诺酒的口感轻盈，散发坚果类香气，酒精含量在15%以上，属于度数较高的雪利酒，但由于氧化过程不长，口感较轻盈，所以取其纤弱的口感，取名"Fino"（相当于英文的"fine"）。所以，菲诺酒不适合作为睡前酒。睡前酒应该有后味，口感和香气要浓烈和厚重，这样才能有助于睡眠。

菲诺酒（Fino）

阿蒙提拉多酒就给人这样的感觉。

　　阿蒙提拉多酒的甜味不易察觉，只有特别敏感的人才能感受得到，整体而言属于干型雪利酒。菲诺与阿蒙提拉多在味道上的差别主要是因为酿造过程中揭开酵母膜的时间有所不同。两者在酿造过程中都会将酒体暴露在空气中，使其强制氧化。并且菲诺与阿蒙提拉多在氧化的过程中会在橡木桶上方形成一层天然酵母膜，待酵母膜生成以后开始发出特有的香气，而酵母膜的存在可以让氧化过程进行得更加柔和。但菲诺在酿造过程中，自始至终都不会揭去酵母膜，让酵母膜保护整个熟成的过程，所以口感上更加柔和；而阿蒙提拉多在进行熟成的中途，酵母膜就会自行消失或被人为揭开，处于没有酵母膜保护的状态，这会让酒体更加充分地暴露在空气中，口感与香气也就更加浓烈了。

⊣ 雪利酒给人的舒适感

　　雪利酒可谓是葡萄酒界的清国酱[①]，味道十分浓郁。它是经过长期的氧化过程酿造而成的，熟成之后会散发出核桃、花生、榛仁等各类坚果的香气，同时酒精滑过喉咙的感觉也十分纯正，饮下以后还有丰富的后味回荡在口中，久久不会散去，仿佛嘴里满含着各种坚果，香气四溢。干型的阿蒙提拉多给人的感觉就是如此浓烈，每天入睡前喝一杯阿蒙提拉多，可以帮助你驱散一天的辛劳感，安定你的心灵，使你甜美入梦。

---

①清国酱又名臭酱、烂酱、清曲酱，是我国朝鲜民族和韩国人喜欢吃的一种汤料。有些类似大酱，但是比大酱发酵时间长，豆子已经很软，而且有拉丝，味道也更浓郁。——译者注

随时随地都能买得到的高级葡萄酒
——1865

这款葡萄酒告诉我一个道理，自己所知道的并不代表全部，一瓶好的葡萄酒，是可以不分时间、地点和场合，与任何人一起开怀畅饮的葡萄酒。如果你身边有一位长时间被你遗忘的贴心人，不妨与他一起分享一瓶 1865 吧!

过去，我对那些大众消费的葡萄酒不屑一顾，任何人都可以喝到、任何时候都可以轻易买到的葡萄酒对于我来说一点魅力都没有。我觉得这种葡萄酒就像在超市随便售卖的啤酒一样，只是大众的消遣饮料。但当我在餐厅积累了更多的"实战经验"以后，我的这种偏见开始逐渐改变了。我在餐厅从事侍酒师的工作，为了保持对葡萄酒的感觉，同时为了确认客人所品尝的葡萄酒究竟品质如何，我必须多加尝试各类葡萄酒。有些葡萄酒即便已经很了解其味道了，但为了让记忆更加深刻，我仍然要不断去品尝，而有些酒真是越品越有滋味，让人逐渐刮目相看，其中就包含 1865 Cabernet Sauvignon。

其实，1865 Cabernet Sauvignon 给我的第一印象并不好，第一次品尝时，感觉就像是早晚高峰时期挤进人头攒动的北京地铁一样，单宁酸充斥满口，含在嘴里十分不舒服，于是，我从心底鄙视这款酒。但当我渐渐习惯它的味道以后，我渐渐有了新的感觉，我开始发现 1865 葡萄酒蕴藏着十分扎实的质感，是那种历经岁月磨砺的淳朴质感，是一款刚中带柔的酒，我终于明白它如此受大众欢迎的原因了。

⊣ 用葡萄酒打开心扉

男人与女人对于葡萄酒的诉求有所不同，女人喜欢能带给舌尖甜美滋润的甜白葡萄酒；而男人则偏爱口感苦涩干烈的红葡萄酒。但有一点是无论男女老少都共同追求的，那就是希望品尝到葡萄酒中的温柔滋味，更确切地说，是希望获得酒体温柔地包裹自己的感觉。品质出色的甜白葡萄酒或红葡萄酒，其实都暗藏着风格不同的温柔感。甜白葡萄酒所散发的温柔感源自甘甜的糖分一点点浸润舌尖的感觉；而红葡萄酒给人的温柔感则来自粗犷的酚粒子浓密按压舌尖的感觉。偶尔也会遇到太过厚重的红葡萄酒，但这种酒如果能在口中缓慢释放出更多的酸味，从而维持口感的平衡，那么这样的酒也能被称作是温柔的酒。

1865是一款给人醇厚温柔口感的葡萄酒，这种味道一入口就会充满整个口腔，不会给人粗糙和呛嗓子的感觉。它给人的感觉是恰到好处的清爽感。我也不是第一次就感受到了这种魅力，为了能够抓住这种美妙的滋味，你必须用心去体会，而不是靠着鼻子和舌头去生硬地感觉。你可以一边与酿酒者、斟酒者、同饮者进行沟通，一边仔细分享这种特别的滋味。当你真正感受到这种滋味时，说明葡萄酒已经打开了你的心扉，成为了你的好友，一瓶好酒和一个好友给人的感觉如此相像。

⊣ 随时随地都能买得到的高级葡萄酒

葡萄酒即便再顶级，如果求之不得也是枉然。而1865是一款集合了出色的味道、低廉的价格以及容易购买的条件等种种因素于一身的高级葡萄酒。用1865这一名称的葡萄酒一共有三种，分别是赤霞珠（Cabernet Sauvignon）、佳美娜（Carmenere）以及马尔贝克（Malbec）。这一系列的酒在商场的售价大约为280元人民币，在酒吧则要卖到340元人民币左右。

蒙特斯欧法（Montes Alpha）和1865都是智利比较有代表性的葡萄酒，但人们对于智利葡萄酒的评价却出现两极化的趋势。有些人常将阿玛维瓦红葡萄酒（Almaviva）、蒙特斯欧法M干红葡萄酒（Montes Alpha M）和智利葡萄酒联系在一起，认为智利葡萄酒就意味着顶级葡萄酒，但另一些人认为智利葡萄酒就是掺入了一些橡木香的低价葡萄酒。其实，两种评价都不是中肯的看法，智利葡萄酒与其他葡萄酒一样，也有各种等级，从无法下咽的廉价酒到屡获大奖的高级酒，种类十分丰富。

19世纪后半期，智利葡萄酒发生了革命性的变化，很多具有悠久传统

1865赤霞珠、佳美娜、马尔贝克葡萄酒

历史的葡萄酒酒庄走上了品牌化的发展道路。这些酒庄在之后的 150 多年时间里不断改善品质，生产出了口感十分出众的葡萄酒。智利的酒庄从欧洲引进先进的酿酒工艺以及借助自身廉价的劳动力，生产出的葡萄酒具有媲美欧美葡萄酒的品质，但售价却更加低廉，加上缔结自由贸易协定的原因，关税也大幅降低，对智利出口葡萄酒产生了积极的影响。智利葡萄酒的价格虽然低廉，但在品质上一点也不比其他国家的逊色，这也颠覆了人们对于葡萄酒的传统看法，价格便宜且容易购买的葡萄酒并不一定是品质差的葡萄酒。

　　1865 这款葡萄酒告诉我一个道理，自己所知道的一切并不代表全部。一瓶好的葡萄酒，是可以不分时间、地点和场合，与任何人一起开怀畅饮的葡萄酒。如果你身边有一位长时间被你遗忘的贴心人，不妨与他一起分享一瓶 1865 吧！

附 录

300元
人民币
以内
的
高级
葡萄酒

我为您按照国别，精选了价格控制在300元人民币以内、性价比最高的葡萄酒。光是品尝完这些酒，就足以让您的葡萄酒生活多姿多彩了。

| 法国 |

· 麦萨米尔帕丽森愉悦干红（Mas Amiel Le Plaisir）

位于法国南部朗格多克与鲁西永（Languedoc-Roussillon）产区的著名酿酒商麦萨米尔（Mas Amiel）采用歌海娜为主要品种，酿造出了入口顺滑、单宁适中、回味无穷的葡萄酒。

· 米歇尔拉赫希霞多丽葡萄酒（Michel Laroche Chardonnay）、米歇尔拉赫希赤霞珠葡萄酒（Michel Laroche Cabernet Sauvignon）

米歇尔拉赫希酒庄在法国勃艮第地区是数一数二的拥有大栽培面积的酒庄，这座酒庄所生产的法国南部朗格多克与鲁西永葡萄酒，也是入门者可以尝试的酒款，论性价比，绝对物美价廉。

· 木桐嘉棣（Mouton Cadet）干红 / 干白葡萄酒

1930 年，此款酒作为木桐酒庄（Mouton Rothschild）的第二主打葡萄酒进行销售，一年大约卖掉了 1500 万瓶，是名副其实的最畅销款波尔多 AOC 级葡萄酒。

· 小酒馆赤霞珠（Petit Bistro Cabernet Sauvignon）

勃艮第地区有超过 600 家酒庄，这是其中最大的酒庄拉布雷国王酒庄（Laboure Roi）生产的南法葡萄酒。

· 教皇圣醇干红葡萄酒（La Chasse du Pape Cabernet Sauvignon）

绝对物美价廉，这款品质出众的葡萄酒是南法引以为豪的佳作。

· 蒙大叶美爵古堡干红葡萄酒（Chateau de Croignon）

选用 100% 的梅洛品种酿造，有别于其他的波尔多 AOC 级葡萄酒，细腻的单宁酸与丰富的果香达到了完美的平衡。

· 苏狄奥庄园白酒（S de Suduiraut）

波尔多白葡萄酒的精品之作，口感单纯且浓郁，品质出众。

· 吉佳乐世家罗讷山麓干红葡萄酒（Cote du Rhone-E. Guigal）

是罗讷河谷出产的葡萄酒中名望最高的特级葡萄酒之一，生产品质一流。

· 科瑞丝曼梅多克（Kressmann Medoc）

科瑞丝曼作为世界级的品牌以及波尔多的代表性酒庄，相比于其他品牌，这绝对是一款物美价廉的梅多克葡萄酒。

| 意大利 |

· 甘恰阿斯蒂（Gancia Asti）

甘恰是意大利最早酿造起泡酒的公司，此款酒是帮助甘恰打下基业的代表性起泡甜酒。

· 布拉凯多甜红起泡酒（Piemonte Brachetto）

意大利的布拉凯多酒标上绘制的花朵图案十分讨人喜欢，这是布拉凯多酒庄酿造的甜起泡酒。

· 芬诺公爵经典基安蒂珍藏干红葡萄酒（Ruffino II Ducale）

这是为意大利的公爵特酿的葡萄酒，是开创先河的一款葡萄酒，在橡木桶经过 12 个月的熟成过程，拥有柔和的单宁酸以及适当的酸度，口感完美。

· 巴伐洛丽塔红葡萄酒（Bava Rosetta）

　　巴伐是意大利数一数二的起泡酒生产商，选用第四代玛尔维萨（Malvasia）葡萄品种酿造。

· 乌玛尼·荣基酒庄葡萄酒（Serrano-Umani Ronchi）

　　由意大利东部马尔凯大区（Marche）的代表性酒庄乌玛尼·荣基酒庄（Umani Ronchi）所生产，选用了两种葡萄酿造出口感十分均衡的葡萄酒。

· 多娜佳塔阿塞丽葡萄酒（Anthilia-Donnafugata）

　　由西西里岛的最大酒庄多娜佳塔（Donnafugata）所生产，选用西西里岛的两大原生品种安索尼卡（Ansonica）和卡塔拉托（Catarratto）酿造，形成了均衡的味道，拥有迷人的清新口感。

· 多娜佳塔安格利葡萄酒（Angheli-Donnafugata）

　　同样由西西里岛的代表性酒庄多娜佳塔所生产，选用黑达沃拉（Nero d'Avola）和梅洛酿造，散发出浓郁的甘草香气，品质一流。

· 特鲁拉里红葡萄酒（Trullari）

　　充分展现了意大利本土普瑞米提芙（Primitivo）品种的精华。

· 罗玛尼乌奇葡萄酒（Casal di Sarra-Umani Ronchi）

　　由意大利东部马尔凯大区的代表性酒庄乌玛尼·荣基酒庄所生产，色泽明亮，是一款略带淡绿光泽和金色的白葡萄酒。

| 西班牙 |

· 澜·红标干红葡萄酒（Lan Crianza）

　　里奥哈（Rioja）地区的三个顶级葡萄酒生产地区，分别是洛格罗尼奥（Logrono）、阿拉瓦（Alava）、纳瓦拉（Navarra），这款酒的名字取了三个地区的首字母，组成了 Lan，此款酒的口感十分甘醇，拥有优雅的单宁酸。

· 慕卡酒庄珍藏干红葡萄酒（Muga Reserva）

　　由西班牙拥有古老传统的慕卡酒庄（Bodegas Muga）所精心酿造的葡

萄酒，果香和橡木香的层次非常丰富，回味无穷。

· 桃乐丝公牛血干红葡萄酒（Torres-Sangre de Toro）

　　由西班牙的国宝级酒庄桃乐丝（Torres）酒庄所酿造的葡萄酒。

· 桃乐丝王冠干红葡萄酒（Torres Coronas）

　　同为西班牙的国宝级酒庄桃乐丝酒庄所酿造的葡萄酒。

· 宝石翠古堡干红葡萄酒（Pesquera Crianza）

　　由位于西班牙的多雨地区斗罗河产区（Ribera del Duero）的宝石翠古堡（Alejandro Fernandez）酒庄选用添帕尼优（Tempranillo）品种所酿造的杰出葡萄酒。

· 哈查园葡萄酒（Haza）

　　西班牙的蒙佩奇（Mont-Perat），有着丰富的单宁酸以及细腻的口感，酸度恰到好处，是顶级的西班牙葡萄酒。

| 德国 |

· 浮士德葡萄酒（Dr. Faust）

　　由3200多名栽培者在摩泽尔河（Mosel）地区组成了德国最大的合作社摩泽尔园（Moselland），这款酒是该社选用斯尔凡勒（Sylvancer）品种酿造的精品葡萄酒。

· 露森雷司令冰白葡萄酒（Dr. Loosen Riesling）

　　德国的雷司令品种葡萄酒，口感甘醇，酸度适中，整体十分协调。

· 主教雷司令葡萄酒（Bishop Riesling）

　　德国的摩泽尔河地区以出产优质的白葡萄酒而闻名，这就是一款采用雷司令品种酿造的顶级白葡萄酒。

| 罗马尼亚 |

· 普瑞丽家族晚收甜白葡萄酒（Prahova Late Harvest）

　　价格低廉，是罗马尼亚晚收（Late Harvest）葡萄酒的精品。

| 以色列 |

· 亚登特级赤霞珠干红葡萄酒（Yarden Cabernet Sauvignon）

以色列戈兰高地（Golan Heights）酒庄生产的顶级葡萄酒，有着层次丰富的香气，回味悠长。

| 美国 |

· 杜克霍恩长相思干白葡萄酒（Duckhorn Vineyards Sauvignon Blanc）

虽然只有25年的短暂发展史，却集合了纳帕谷数家酒庄的合作智慧，生产出了这款具有高雅风味的葡萄酒，就像是把满满一篮子水果的精华都集中到了一起。

· 德利卡仙芬黛白葡萄酒（Delicato White Zinfandel）

美国向世界上35个国家出口葡萄酒，德利卡（Delicato）公司是美国排名前列的厂商，此款酒是德利卡公司生产的清爽型仙芬黛（Zinfandel）品种白葡萄酒。

· 女爵传奇雷司令葡萄酒（Loredona Riesling）

酿酒者将初恋情人的名字作为了酒名，是采摘十月末的加州蒙特雷地区的雷司令品种所酿造的德利卡白葡萄酒。

· 蒙大维酒园木桥赤霞珠红葡萄酒（Robert Mondavi Wood Bridge Cabernet Sauvignon）

加州罗迪地区所生产的优质葡萄酒，是经过严选优秀葡萄所酿造的葡萄酒。

· 贝灵哲庄园白仙芬黛桃红半甜白葡萄酒（Beringer White Zinfandel）

散发甜蜜味道的葡萄酒，是由"新世界"酒庄所生产的符合大众口味的葡萄酒。

· 艾若尼酒庄黑皮诺葡萄酒（Irony Pinor Noir）

德利卡酒庄选用黑皮诺品种酿造，拥有橡木桶成熟的味道，香气的层次十分丰富，口感绝佳。

· 卡斯尔罗克赤霞珠葡萄酒（Castle Rock Cabernet Sauvignon）

选用纳帕谷的优质葡萄酿造，带有香料的味道以及法国橡木香，是一款口感柔顺的葡萄酒。

· 特拉葡卡极品珍藏干红葡萄酒（Vina Tarapaca Natura）

　　单宁和酸度达到了完美的平衡，是一款十分具有潜力的有机葡萄酒的代表。

· 蒙特斯经典赤霞珠干红葡萄酒（Montes Classic Series Cabernet Sauvignon）

　　当之无愧的智利名酒，是属于蒙特斯系列（Montes Classic）的葡萄酒。

· 罗宾素华草莓起泡酒（Valdivieso Sparkling Strawberry）

　　这是智利第一款起泡酒，也是备受瞩目的起泡酒。

· 圣海伦娜精选葡萄酒（Santa Helena Reserve Carmener）

　　在智利出口葡萄酒中排名第五的葡萄酒，为了让葡萄品种发挥出最大的个性，种植的葡萄园都是经过严选的，是珍藏版圣海伦娜（Santa Helena）葡萄酒。

· 圣海伦娜黄金时代赤霞珠干红葡萄酒（Santa Helena Siglo de Oro Cabernet Sauvignon）

　　价格合理，拥有高品质的高级品种级（Premium Varietal）系列葡萄酒。

· 圣海伦娜精选赤霞珠干红葡萄酒（Santa Helena Seleccion Cabernet Sauvignon）

　　由经过严选的葡萄园里栽种的少量精品葡萄所酿造，是经过长时间熟成酿造的优质葡萄酒，是圣海伦娜酒庄特选葡萄酒。

· 阿尔贝尔达酒庄葡萄酒（Arblleda Syrah / Cabernet Sauvignon）

　　阿尔贝尔达（Arblleda）酒庄采用人工采收的葡萄酿制葡萄酒，在橡木桶中经过18个月的熟成过程，形成了品质超群的葡萄酒。

· 安杜拉加赤霞珠葡萄酒（Unduragga Cabernet Sauvignon）

　　智利葡萄酒产业的先驱者安杜拉加（Unduragga）酿造的品种级（Varietal Daily）葡萄酒。

· 伊拉苏珍藏赤霞珠干红葡萄酒（Errazuriz Max Reserva Cabernet

Sauvignon）

　　智利伊拉苏（Errazuriz）酒庄的珍藏级葡萄酒，是可以在国际品酒盛
会上与波尔多葡萄酒一决高下的葡萄酒。

·雅利赤霞珠干红葡萄酒（Yali Reserve Cabernet Sauvignon）

　　智利圣地亚哥利亚谷出产的葡萄酒，以出色的酿造技术作为保障，是
冰川（Vina Ventisquero）酒庄的代表作。

·卡门酒庄赤霞珠葡萄酒（Carmen Reserve Cabernet Sauvignon）

　　卡门（Carmen）酒庄所酿造的珍藏级葡萄酒，此酒庄设立于1850年，
在智利拥有最古老的历史。

·卡莉德拉酒庄赤霞珠葡萄酒（Caliterra Reserve Cabernet Sauvignon）

　　美国葡萄酒教父罗伯特·蒙大维与智利葡萄酒界名人雅柏利达酒庄
（Arboleda）庄主合作酿造的智利葡萄酒。

·红魔鬼赤霞珠葡萄酒（Casillero del Diablo Cabernet Sauvignon）

　　智利葡萄酒巨匠干露酒庄（Concha y Toro）的招牌葡萄酒，这款酒的
储藏室依然原封不动地保存着，是世界著名的葡萄酒品牌，行销100多个
国家，十分抢手。

·柯诺苏珍藏赤霞珠红葡萄酒（Cono Sur Cabernet Sauvignon）

　　在智利出口葡萄酒中排名第四的柯诺苏（Cono Sur）所产的葡萄酒。

·芭努儿干贝尔红葡萄酒（Panul Cabernet Sauvignon Reserve）

　　拥有544个不锈钢槽，是智利规模最大的酒庄的招牌葡萄酒。

| 阿根廷 |

·拉希莉亚酒庄晚收甜葡萄酒（La Celia Late Harvest）

　　是成立于1890年的阿根廷乌格河谷（Uco Valley）的代表性酒庄拉希
莉亚（Finca La Celia）酒庄所产的葡萄酒。

·班尼格斯酒庄葡萄酒（Benegas Malbec）

　　展现了阿根廷特有的马尔贝克品种的风味，散发出黑莓般的复杂香
气，是一款十分顶级的葡萄酒。

·圣塔安纳珍藏多伦提斯葡萄酒（Santa Ana Privada Reserve Cabernet

Sauvignon）

　　阿根廷境内最畅销的圣塔安纳（Santa Ana）葡萄酒，拥有丝绒般顺滑的单宁和回味悠长的香气。

· 银谷马尔贝克珍藏干红葡萄酒（Argento Malbec Reserva）

　　阿根廷葡萄酒巨匠卡氏家族酒庄（Bodega Catena Zapata）所酿的马尔贝克葡萄酒，质优价廉。

· 卡氏家族艾拉莫马尔贝克（Alamos Malbec）

　　该款马尔贝克葡萄酒的酿造商卡帝那·沙巴达（Catena Zapata）是全世界公认的阿根廷最好的酿酒商，质优价廉。

· 查比迪精选葡萄酒（Trapiche Oakcast Cabernet Sauvignon）

　　由世界排行第四的葡萄酒公司生产，成熟的橡木桶味道与葡萄自然的香气完美融合，是一款口感均衡的阿根廷葡萄酒。

| 澳大利亚 |

· 小企鹅西拉红葡萄酒（Little Penguin Shiraz）

　　于2004年在北美地区上市，曾经在澳大利亚葡萄酒排行中位居第一位，是一款名声响亮但容易让人接近的佐餐酒。

· 布莱斯蒂酒庄红 / 白葡萄酒（Bleasdale Langhorn Crossing）

　　传承五代，拥有160年积累下来的生产技术及酿造哲学，是澳大利亚葡萄酒的代名词布莱斯蒂（Bleasdale）所产的招牌葡萄酒。

· 索莱酒园工作台赤霞珠（Saltram Maker's Table Cabernet Sauvignon）

　　被称为澳大利亚巴罗莎谷（Barossa Valley）"活着的历史"的索莱酒园工作台（Saltram Makers Table）系列葡萄酒。

· 云咸酒庄宾系列葡萄酒（Wyndham Estate Bin Series）

　　拥有170余年历史的这款酒获得了"开拓者"的称号，是代表澳大利亚向世界展现的葡萄酒，是乔治·威登的杰作。

| 新西兰 |

· 蒙塔纳经典系列马尔堡长相思干白（Montana Sauvignon Blanc）

出产于新西兰最早生产品种级（Varietal）葡萄酒的蒙大拿地区，充分展现了该地区的风格，是一款独具风味的长相思（Sauvignon Blanc）葡萄酒。

· 多吉帕特长相思干白葡萄酒（Dog Point Sauvignon Blanc）

以云雾湾（Cloudy Bay）葡萄酒大获成功的詹姆斯·黑尔利与伊凡·苏泽兰合作酿制的葡萄酒，味道浓烈，但层次丰富。

| 南非 |

· 南非牧羊园葡萄酒（Goats do Roam Village）

由南非最好的酒庄锦绣庄园（Fairview）所酿造，融合特级的西拉和皮诺葡萄，形成了非凡的口感。

图书在版编目（CIP）数据

今晚喝什么：40种情境，40款葡萄酒选配圣经 /（韩）李
宰亨著；金勇译. —杭州：浙江科学技术出版社，2015.3
ISBN 978-7-5341-6388-3

Ⅰ.①今… Ⅱ.①李… ②金… Ⅲ.①葡萄酒–基本
知识 Ⅳ.①TS262.6

中国版本图书馆 CIP 数据核字（2014）第 295739 号

书　　　名	今晚喝什么：40 种情境，40 款葡萄酒选配圣经	
著　　　者	（韩）李宰亨	
译　　　者	金　勇	
审核登记号	图字：11-2012-81 号	

出 版 发 行	浙江科学技术出版社	
网　　　址	www.zkpress.com	
	地址：杭州市体育场路 347 号　　邮政编码：310006	
	联系电话：0571-85058048	
排　　　版	杭州兴邦电子印务有限公司	
印　　　刷	杭州富春印务有限公司	

开　　本	710×1000　1/16	印　张	13.5
字　　数	204 000		
版　　次	2015 年 3 月第 1 版	2015 年 3 月第 1 次印刷	
书　　号	ISBN 978-7-5341-6388-3	定　价	45.00 元

责任编辑	梁　峥	**特约编辑**	张　丽
责任校对	王巧玲	**责任印务**	徐忠雷